"十四五"职业教育国家规划教材　　　　　工业和信息化精品系列教材

HTML5+CSS3
Web 前端开发技术

任务式｜微课版｜第2版

于丽娜 ◉ 主编

刘少坤 张晨亮 李玮 ◉ 副主编

WEB DEVELOPMENT TECHNOLOGY
WITH HTML5 AND CSS3

人民邮电出版社

北京

图书在版编目（CIP）数据

HTML5+CSS3 Web前端开发技术：任务式：微课版 / 于丽娜主编. -- 2版. -- 北京：人民邮电出版社，2024.1

工业和信息化精品系列教材

ISBN 978-7-115-62680-6

Ⅰ. ①H… Ⅱ. ①于… Ⅲ. ①超文本标记语言－程序设计－高等职业教育－教材②网页制作工具－高等职业教育－教材 Ⅳ. ①TP312.8②TP393.092.2

中国国家版本馆CIP数据核字(2023)第179553号

内 容 提 要

本书以搭建新云课堂项目为主线，讲解 HTML5+CSS3 Web 前端开发技术。全书共 12 个任务，主要内容包括搭建项目开发环境、制作课程基础页面、制作课程播放页面、使用表单制作页面、在项目中引入 CSS、使用 CSS3 美化页面、使用盒子模型布局页面、使用 CSS3 浮动布局页面、使用 CSS3 定位布局页面、利用 CSS3 动画美化页面、使用 CSS3 弹性盒子布局页面、使用 CSS3 媒体查询实现页面响应式布局。本书通过知识讲解与任务实战相结合的方式介绍网站项目开发的流程和方法，配备丰富的教学资源，支持线上线下混合式教学和项目式教学。

本书适合作为高职高专院校、职业本科院校 Web 前端技术相关课程的教材，也可供初学者自学参考。

◆ 主　　编　于丽娜

　　副 主 编　刘少坤　张晨亮　李　玮

　　责任编辑　桑　珊

　　责任印制　王　郁　焦志炜

◆ 人民邮电出版社出版发行　　北京市丰台区成寿寺路 11 号

　　邮编　100164　电子邮件　315@ptpress.com.cn

　　网址　https://www.ptpress.com.cn

　　天津嘉恒印务有限公司印刷

◆ 开本：787×1092　1/16

　　印张：15.75　　　　　　　　2024 年 1 月第 2 版

　　字数：393 千字　　　　　　　2024 年 1 月天津第 1 次印刷

定价：59.80 元

读者服务热线：(010)81055256　印装质量热线：(010)81055316
反盗版热线：(010)81055315
广告经营许可证：京东市监广登字 20170147 号

第2版 前言

P R E F A C E

本书全面贯彻党的二十大精神，以社会主义核心价值观为引领，传承中华优秀传统文化，坚定文化自信，使内容更好体现时代性、把握规律性、富于创造性。

在 Web 前端开发技术中，HTML5 与 CSS3 是网页制作技术的核心和基础，是每个网页制作者必须具备的基础知识和技能，也是高等职业教育计算机类专业的一门重要的专业课程。本书以提高读者的 Web 前端项目开发能力为目标，详细介绍网站项目开发的流程和方法。

本书采用项目教学的方式组织内容，项目来源于典型 Web 前端开发实例。全书以与真实企业合作开发的新云课堂项目为例，以完整的项目开发为主线，将教学内容分成 12 个任务，每个任务由任务概述、任务目标、知识图谱、任务准备、任务实战、任务小结、知识巩固、任务拓展组成。任务概述描述本任务的背景、要求和功能；任务准备描述本任务相关的基础知识与前沿技术；任务实战部分各个任务，由任务要求、任务实施、参考代码组成。任务要求描述本任务的目标及工作要求；任务实施描述本任务的工作流程、实施步骤等；参考代码展示完成任务具体操作的核心代码。本书在知识巩固部分精心筛选了适量的习题，供读者巩固和检测学习效果，任务拓展便于读者提升能力。

读者通过学习本书的项目开发实践及理论知识，不仅能够掌握 Web 前端开发的基础知识，更能够掌握利用 HTML5 和 CSS3 开发 Web 前端网页的特性、响应式布局和网站项目部署技能等，顺利达到项目开发对 Web 前端开发人员的要求。

为方便教师教学，本书配备了详尽的教学微课、实操视频、教学动画以及 PPT 课件、教学大纲、虚拟仿真、企业案例等丰富的教学资源，任课教师可到人邮教育社区（www.ryjiaoyu.com）免费下载使用。本书的参考学时为 64 ~ 96 学时，建议采用理论实践一体化的教学模式，各任务的参考学时见下面的学时分配表。

学时分配表

任 务	课程内容	学 时
任务 01	搭建项目开发环境	2 ~ 6
任务 02	制作课程基础页面	2 ~ 6
任务 03	制作课程播放页面	6 ~ 8
任务 04	使用表单制作页面	6 ~ 8
任务 05	在项目中引入 CSS	6 ~ 8
任务 06	使用 CSS3 美化页面	6 ~ 8
任务 07	使用盒子模型布局页面	6 ~ 8

任　务	课 程 内 容	学　时
任务 08	使用 CSS3 浮动布局页面	6～10
任务 09	使用 CSS3 定位布局页面	6～10
任务 10	利用 CSS3 动画美化页面	6～8
任务 11	使用 CSS3 弹性盒子布局页面	6～8
任务 12	使用 CSS3 媒体查询实现页面响应式布局	6～8
学时总计		64～96

　　本书由于丽娜担任主编，刘少坤、张晨亮、李玮担任副主编，耿琳、赵露莎、李跃、王江鹏、刘军池参加编写，由郭霏霏主审。感谢河北新龙科技集团股份有限公司为本书提供丰富案例。

　　由于编者水平有限，书中存在不妥或错误之处在所难免，殷切希望广大读者批评指正。同时，恳请读者一旦发现错误，请及时与编者联系，以便尽快更正，编者将不胜感激，E-mail：81034944@qq.com。

编 者

2023 年 9 月

目 录

CONTENTS

目 录

CONTENTS

目录

CONTENTS

目 录

CONTENTS

任务 01

搭建项目开发环境

1.1 任务概述

近年来，"互联网＋教育"不断创新和完善，在线教学、在线考试等网络教学新形式让传统的教育焕发出新的活力。

在本书的学习过程中，我们要设计和开发一个实用的项目——新云课堂。新云课堂旨在利用互联网技术打造以用户为中心的学习平台，传播真正有价值的知识，不断提升互联网用户的知识水平，满足学习者多元化的学习需求。"新云课堂"项目主要由课程推荐页面（即首页，包括页面通用头部、轮播区域、"成长路线"列表、"课程列表"部分、"更多好课"部分、页面通用尾部）、课程播放页面（包括页面通用头部、播放区域、"课程资料"表格、"视频列表"列表、页面通用尾部、置顶按钮）、课程说明页面、信息登记页面、用户登录页面、用户注册页面等页面构成。

在本任务，我们将搭建"新云课堂"项目的开发环境。在"新云课堂"项目中，把 HBuilderX 作为网页代码的编辑工具，把 Chrome 浏览器作为网页效果测试工具。我们将在开发工具中安装相应的插件，从而提高开发效率。HBuilderX 是数字天堂（DCloud）公司推出的一款支持第 5 代超文本标记语言（HyperText Markup Language 5，HTML5）的 Web 开发的集成开发环境（Integrated Development Environment，IDE），它具有完整的语法提示和代码输入功能，能够大幅提升 Web 开发的工作效率。HBuilderX 是一款国产软件，是非常优秀的 HTML5 前端开发工具，它让我们看到了国产编辑器的曙光。

梁启超曾说："少年智则国智，少年富则国富，少年强则国强……少年进步则国进步……少年雄于地球，则国雄于地球。"作为当代大学生，我们更应该了解自己肩负的历史使命与责任，在学习过程中坚定理想与信念，做到学思结合、知行合一。

1.2 任务目标

素质目标

（1）培养学生树立远大的职业理想，以及为祖国信息技术事业做贡献的决心。

（2）培养学生自主学习、终身学习的意识。

知识目标

（1）了解 Web 的相关概念。

（2）了解当前主流 Web 浏览器与常用 Web 开发工具。

（3）了解 HTML5 的优势。

技能目标

（1）掌握 HBuilderX、Chrome 浏览器的安装与使用。

（2）掌握在 HBuilderX 中进行 Web 项目搭建的流程。

1.3 知识图谱

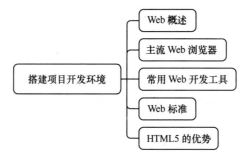

1.4 任务准备

1.4.1 Web 概述

微课视频

搭建项目
开发环境

了解 Web 前要先知道什么是因特网（Internet），Internet 的正式名称为国际互联网，是由使用具有一定规则的公用交互语言进行通信的计算机连接而成的巨大全球网络。所有互联网中的计算机设备即网络中的节点，连通的节点之间可以进行通信，再由附近的节点将信息发送到远端目标节点逐节点传递，从而实现众多计算机设备互通、互联的互联网。

全球信息网（World Wide Web，WWW），又称为万维网，简称为 Web。万维网是存储在 Internet 计算机中的数量巨大的文档的集合，我们将这些文档统称为页面。页面是各种信息的组合体，这些信息可以是文本、图片、视频、音频等多媒体（被称为超媒体）。页面中通常还包含一类叫作超链接的信息，用来代表页面之间的链接关系，从而将不同的页面相互关联，实现从一个页面跳转到另一个页面、一个电子邮箱地址、一个文件或一个音 / 视频文件等。一系列存在于同一个域名下的网页就组成了一个网站。

Web 是 Internet 的一个应用，也就是我们日常生活中访问的各种网站的网页的集合。网页之间通过超链接来指引浏览的路径和方向。我们在这些内容的指引下，通过各种各样的浏览器进行网络信息获取等行为，也就是常说的网上冲浪。

1.4.2　主流 Web 浏览器

在网上冲浪的过程中，必备的工具软件就是 Web 浏览器，简称浏览器。

常见的浏览器有微软公司的 Internet Explorer，即 IE 浏览器，如图 1-1 所示。由于是 Windows 操作系统默认安装的浏览器，所以它在互联网发展早期几乎垄断了主流浏览器市场。虽然 IE 浏览器已经停止更新和维护，但它仍然有很大的市场占有率，主要原因有两方面：一是由于曾经的 Windows 操作系统默认安装 IE 浏览器，且大多数办公设备中的操作系统通常是不进行更新的，也就有了一定数量的 IE 浏览器在“服役”；二是如网上银行的安全业务等安全级别较高的在线业务仍然要求用户在安装了相关安全控件的 IE 浏览器中进行操作。

Internet Explorer

图 1-1　IE 浏览器

如今，Windows 10 操作系统中不仅有 IE 浏览器，还默认安装了微软公司期望用来替代 IE 浏览器的新一代浏览器——Microsoft Edge（经典版），即 Edge 浏览器，如图 1-2 所示。因此，大多数第一次接触互联网的人，对浏览器的第一印象通常不是 IE 浏览器就是 Edge 浏览器。

但是 Edge 浏览器作为 Windows 10 操作系统的默认浏览器，其在大多数时候扮演的角色是其他浏览器的下载工具，一旦用户下载完自己习惯使用的浏览器，那么 Edge 浏览器的登场率就非常低了。这使得 Edge 浏览器的地位

Microsoft Edge

图 1-2　Edge 浏览器

和处境非常尴尬。在 2020 年年中，微软公司在官网放出了基于 Chromium 内核的新版 Edge 浏览器。新版 Edge 浏览器不仅拥有更好的性能、稳定性及网页兼容性，对追求效率的用户而言，最重要的是它还支持安装和使用 Chrome 浏览器插件。

总的来说，新的 Edge 浏览器弃用了原来的 EdgeHTML 渲染引擎而使用 Chromium 引擎，由此获得了性能、扩展、兼容性上的大幅增强，实现了用户与微软公司的双赢。

2021 年之后发布的 Windows 10 操作系统全部使用基于 Chromium 内核的新版 Edge 浏览器来代替 Edge（经典版）浏览器。

Mozilla 公司的 FireFox 浏览器（火狐浏览器）是一个开源的自由浏览器。在 IE 浏览器占领绝大部分浏览器市场的时期，火狐浏览器因自身提供给用户丰富便利的功能性插件和更快的运行速度等优势，深受以程序员为主的用户群体的喜爱，曾连续 3 年成为最受互联网用户信赖的浏览器。图 1-3 所示为火狐浏览器开发者版（Firefox Developer Edition）。

谷歌公司的 Chrome 浏览器（见图 1-4）由其开源浏览器项目 Chromium 定制开发而来，因内置强大的 JavaScript V8 引擎，并且具有简洁、快速、安全的特点，占据了当前浏览器市场的巨大份额。

国内很多浏览器，如 QQ 浏览器、360 极速浏览器、百分浏览器等，

Firefox Developer Edition

图 1-3　火狐浏览器开发者版

均同Chrome浏览器一样，是基于Chromium进行二次开发得到的。2020年初，微软公司放弃了Edge浏览器的迭代开发，正式推出了基于Chromium内核的新版Edge浏览器。以Chrome浏览器为首的基于Chromium内核开发的浏览器占有当前浏览器市场的大部分份额。本教材将使用Chrome浏览器的80及以上版本进行运行效果的展示。

Google Chrome

图 1-4　Chrome 浏览器

 经验分享

除了上述几款主流浏览器，常用的还有百度浏览器、搜狗浏览器、Opera浏览器等。这些浏览器大多是基于Chromium内核进行本土化之后的产品，给特定用户群体提供一些专用功能。它们在功能、界面外观、实际操作上与Chrome浏览器基本一致，并且均支持安装Chrome浏览器插件。

1.4.3　常用 Web 开发工具

"工欲善其事，必先利其器"，要进行网页开发，选择一款好的开发工具是非常有必要的。用于开发网页的工具非常多，下面介绍几款主流的开发工具——Sublime Text、Visual Studio Code、HBuilderX。

Sublime Text由程序员Jon Skinner（乔恩·斯金纳）于2008年1月开发，也是程序员用得比较多的一款编辑工具。它有漂亮的用户界面，有菜单和工具栏，还有便利的功能，例如迷你地图、多选择、Python的插件、代码段、完全可自定义键绑定等。Sublime Text的主要功能包括：拼写检查、书签、完整的Python API、Goto功能、即时项目切换、多选择、多窗口等。Sublime Text 4（见图1-5）对整体界面风格进行了优化，使用起来更加友好。

图 1-5　Sublime Text 4

Visual Studio Code是一款由微软公司开发的跨平台且免费开源的代码编辑器，如图1-6所示。该软件支持语法高亮、代码自动补全（IntelliSense）、代码重构、代码折叠、代码片段、查看定义等功能，并且内置了命令行工具和Git版本控制系统。用户可以更改主题和键盘快捷方式以实现个性化设置，也可以通过内置的扩展程序商店安装扩展程序以扩展软件的功能等。

Visual Studio Code默认支持多种编程语言，包括JavaScript、TypeScript、CSS（Cascading Style Sheets，串联样式表）和HTML（HyperText Markup Language，超文本标记语言）；也可以通过下载扩展程序支持Python、C/C++、Java和Go等其他语言。此外，Visual Studio Code也支持调试Node.js程序。Visual Studio Code基于Electron框架构建，作为跨平台的编辑器，深受广

大开发人员的喜爱。

图 1-6　Visual Studio Code

HBuilderX 是数字天堂公司推出的支持 HTML5 的 Web 开发的 IDE，如图 1-7 所示。H 是 HTML 的缩写，Builder 是建设者。HBuilderX 是为前端开发人员服务的通用 IDE（或者称为编辑器），与 Visual Studio Code、Sublime Text 类似。

HBuilderX 可以开发普通 Web 项目，也可以开发数字天堂出品的 uni-app 项目、5+App 项目、wap2app 项目。

HBuilderX 的编写用到了 Java、C 语言、Web 和 Ruby。HBuilderX 的主体是由 Java 编写的，它基于 Eclipse，所以兼容 Eclipse 的插件。

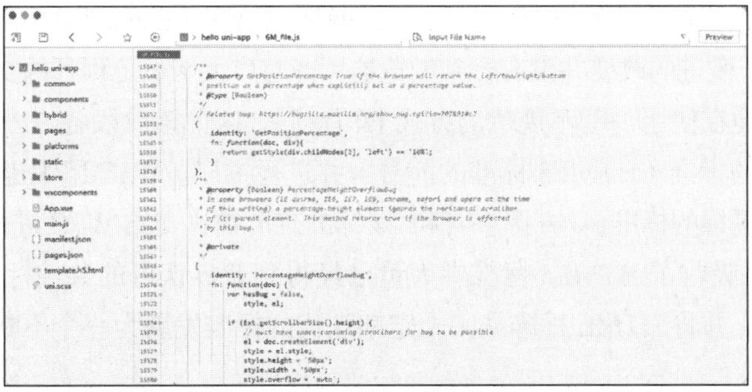

图 1-7　HBuilderX

1.4.4　Web 标准

动画

Web 标准

HTML 文件就是我们在浏览器中通过输入网址，从服务器获取到的内容的载体。文件页面中可以包含文字、图片、音频、视频等信息。通俗地讲，我们上网的过程就是在不同 HTML 文件页面之间跳转浏览的过程。不同浏览器之间想要得到相同或近似的效果，就需要能够对 HTML 文件的解析统一化、标准化，而对应的标准就是 Web 标准。

Web 标准并不是一个单一的标准，而是一系列标准的集合。网页主要是由 HTML、CSS、JavaScript 这 3 部分组成。所以 Web 标准中主要包含：HTML 标准，即页面结构标准；CSS 标准，即页面样式标准；JavaScript 标准，即页面行为标准。这些标准的起草、制定与发布，通常由万维网联盟（World Wide Web Consortium，W3C）或者相关的组织进行。

Web 标准的制定为浏览器开发人员与 Web 应用开发人员进行网页开发提供了可以良好协同的依据。Web 应用开发人员按照 Web 标准制作网页，浏览器开发人员按照 Web 标准实现浏览器功能，可以确保同一个页面在不同的浏览器中有相同的展示效果，降低开发人员在不同浏览器中实现功能兼容的难度，从而减少各种资源投入并缩短开发周期。

在 Web 标准中，初学者首先需要学习和掌握 HTML 标准。HTML 标准的迭代历程见表 1-1。

表1-1　HTML标准的迭代历程

版本	说明
HTML1.0	1993 年 6 月作为 IETF（Internet Engineering Task Force，因特网工程任务组）工作草案发布，并非标准
HTML2.0	1995 年 11 月作为 IETF 备忘录 RFC 1866 发布，在 RFC 2854 于 2000 年 6 月发布之后被宣布过时
HTML3.2	发布于 1997 年 1 月 14 日，是 W3C 推荐标准
HTML4.0	发布于 1997 年 12 月 18 日，是 W3C 推荐标准
HTML4.01	发布于 1999 年 12 月 24 日，是 W3C 推荐标准（相比 HTML4.0 仅做了微小改进，HTML 标准已经基本成型）
XHTML1.0	发布于 2000 年 1 月 26 日，是 W3C 推荐标准，后来经过修订于 2002 年 8 月 1 日重新发布
XHTML1.1	发布于 2001 年 5 月 31 日，是 W3C 推荐标准
XHTML2.0	W3C 工作草案起草阶段停止
HTML5	发布于 2014 年 10 月 28 日，是 W3C 推荐标准

从 HTML1.0 到 HTML5，浏览器行业的标准经历了漫长的统一之路。其中 XHTML 1.0 并不是一个颠覆性的版本，而是 W3C 想要用来替代 HTML 4.01 的一个分支。W3C 想要修正多年来 HTML 中格式不严谨的问题，希望新的标准按照严格的可扩展标记语言（Extensible Markup Language，XML）规则进行修正。但过于激进的改变并没有得到浏览器厂商与广大网页工程师的支持，因为大量上线运营的网站都或多或少地在使用一些不规范的方式书写代码。因此该阶段各方矛盾重重，最终浏览器厂商联合推出了自己的标准（HTML5 标准的前身）并进行推广。W3C 组织也不得不妥协，毕竟不被市场认可的标准是糟糕的标准，双方握手言和，该标准雏形被移交给 W3C 进行后续的制定与推广。HTML5 标准在制定时吸收了 HTML4 标准中大量已经得到业界认可的共性标准，在此基础上设计了丰富的新功能规范，并将 HTML 标准从一个定期迭代的标准发展为一个不断动态迭代的标准。

1.4.5　HTML5 的优势

HTML5 标准是一个受到了广大浏览器厂商和开发人员认可和支持的标准。现今主流浏览器 Chrome、Firefox、Safari、IE 9 和 Opera 等都支持 HTML5。不仅 PC（Personal Computer，个人计算机）端浏览器支持 HTML5 标准，移动端浏览器也纷纷开始提供对 HTML5 标准的支持。

HTML5 标准是在 HTML4 基础上的扩展，它增加了大量的语义化标签，让代码含义更明确，便于搜索引擎解析识别，也便于开发人员合理规划页面结构，提高代码的可读性。

HTML5 标准将大量需要配合 JavaScript 脚本实现的动态交互效果以及数据处理和多媒体播放功能都包含其中。这便于浏览器厂商将这些功能在浏览器中实现，降低了开发难度。此外，

动画

HTML5 新特性

HTML5 还将之前一些烦琐的设定内容进行了简化。

HTML5 的优势不仅体现在网页中，如今大量嵌入式设备的开发框架也完全引入或借鉴了改良的 HTML5 标准来进行应用界面的设计与实现。

1.5　任务实战

任务 1：安装 Chrome 浏览器

任务要求

完成 Chrome 浏览器的安装，修改默认搜索引擎并将 Chrome 浏览器设置为默认浏览器。

任务实施

（1）获取 Chrome 浏览器的安装文件。使用本机已经安装的浏览器（例如 Windows 系统自带的 IE 浏览器或者 Edge 浏览器）打开 Chrome 浏览器官方网站，下载 Chrome 浏览器，如图 1-8 所示。单击"下载 Chrome"按钮后,将会从网络上下载名为 ChromeSetup.exe 的可执行安装文件。

（2）执行安装过程。打开安装文件进行 Chrome 浏览器的安装，安装过程为静默安装，无须进行任何配置。安装程序会在桌面创建一个 Chrome 浏览器的快捷方式，待安装程序正常结束后，Chrome 浏览器会自动打开并显示欢迎页面，这表明 Chrome 浏览器已正确安装。

（3）将 Chrome 浏览器设置为默认浏览器。单击浏览器窗口右上角的菜单按钮，从下拉菜单中选择"设置"选项，如图 1-9 所示，打开设置页面。从左侧列表中选择"默认浏览器"选项，然后在右侧单击"设为默认选项"按钮，如图 1-10 所示。

图 1-8　下载 Chrome 浏览器

图 1-9　选择"设置"选项

图 1-10　单击"设为默认选项"按钮

在打开的 Windows 10 默认应用设置界面中单击"Web 浏览器",弹出"选择应用"列表,从中选择"Google Chrome"选项,如图 1-11 所示。此后,Chrome 浏览器就是本机的默认浏览器,当打开 Web 相关内容时,系统会优先启动 Chrome 浏览器。

图 1-11　选择"Google Chrome"选项

经验分享

我们可以通过访问腾讯软件中心、360 软件中心等具有一定知名度的软件分发平台下载 Chrome 浏览器。如在腾讯软件中心中搜索"Chrome 浏览器"关键词,得到图 1-12 所示的搜索结果。

图 1-12　搜索结果

选择"普通下载"进行离线安装包的下载。离线安装过程与在线安装完全相同且不需要联网。

任务 2：安装 HBuilderX IDE

任务要求

完成 HBuilderX IDE 的安装。

经验分享

IDE 指集成开发环境。集成开发环境是用于提供程序开发环境的应用程序，一般包括代码编辑器、编译器、调试器和图形用户界面等工具。

任务实施

（1）使用本机已经安装的浏览器打开 HBuilderX 官方网站下载页面，如图 1-13 所示。

图 1-13　HBuilderX 官方网站下载页面

（2）单击页面中的"DOWNLOAD"按钮下载 HBuilderX 压缩包。这里下载正式版中的 Windows 标准版，如图 1-14 所示，将下载一个文件名以 HBuilderX 开头、压缩格式为 ZIP 的压缩文件。

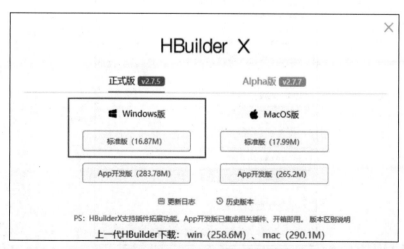

图 1-14　HBuilderX 版本选择页面

（3）使用解压软件将该压缩包解压到想要存放的路径即可。这里将压缩包内的 HBuilderX 文件夹解压到路径 C:\Program Files 下。进入 HBuilderX 文件夹内，选中 HBuilderX.exe 文件，单击鼠标右键，在弹出的快捷菜单中选择"固定到'开始'屏幕"命令或者"发送到"—"桌面快捷方式"命令，如图 1-15 所示。这样以后就可以通过"开始"菜单或者桌面快捷方式打开 HBuilderX 了。

图 1-15　选择"固定到'开始'屏幕"命令或者"发送到"—"桌面快捷方式"命令

（4）HBuilderX 提供了很多实用的功能插件，但是需要具有管理员权限才可使用，而按照以上步骤通过解压方式安装是不具有管理员权限的，所以每次都需要手动以管理员身份运行才能使用特定的插件，这样显得很烦琐。接下来将这个环节自动化，为 HBuilderX 的执行文件添加管理员权限。选中 HBuilderX.exe 文件，单击鼠标右键，在弹出的快捷菜单中选择"属性"命令，在打开的对话框中单击"兼容性"选项卡，勾选"以管理员身份运行此程序"复选框，如图 1-16 所示。

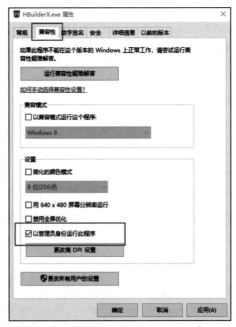

图 1-16　勾选"以管理员身份运行此程序"复选框

（5）运行 HBuilderX，打开 HBuilderX 界面，可以通过菜单栏中的"工具"—"主题"选项修改界面的主题风格，如图 1-17 所示。

（6）选择菜单栏中的"工具"—"插件安装"选项，在弹出的插件管理界面中找到"内置浏览器"，单击"内置浏览器，支持边改边预览"下方的"安装"按钮，如图 1-18 所示，进行 HBuilderX 内置浏览器插件的安装。该插件能实现页面效果的实时显示。

图 1-17　修改 HBuilderX 界面的主题风格　　　图 1-18　单击"安装"按钮

经验分享

HBuilderX 界面简介如下。

界面上方区域为菜单栏，包含以下菜单。

- "文件"菜单：进行文件的打开、保存、另存为，打开文件目录，设定文件字符编码等操作。
- "编辑"菜单：进行文本内容的批量修改、复制、粘贴、缩进、转义等操作。
- "选择"菜单：进行编辑区域内容的选中操作。
- "查找"菜单：进行文件内容的查找与替换操作。
- "跳转"菜单：进行控制鼠标指针移动的高级操作。
- "运行"菜单：让程序在不同的环境中进行模拟运行。
- "发布"菜单：将项目进行网络提交。
- "视图"菜单：设定编辑器外观与进行部分内容区域的调整。
- "工具"菜单：用于软件的设置与插件的安装与管理。
- "帮助"菜单：用于软件的更新与提示版本说明等。

界面左侧为文档结构目录，用于展示相关文件、文件夹目录结构。在对应的文件或文件夹上单击鼠标右键可以弹出快捷菜单，在其中可以进行多种快捷操作。

界面右侧为代码编辑区域，HBuilderX 编辑区默认支持代码自动识别提示、自动缩进、自动符号补全等功能。

界面下方区域为文档状态栏，用于提示开发者相关文档设置。

HBuilderX 的详细使用方法请参考官方网站中的相关文档。

任务 3：使用 HBuilderX 创建项目

任务要求

（1）使用 HBuilderX 创建新云课堂项目目录。

微课视频

使用 HBuilderX
创建项目

（2）在项目目录的根路径创建 index.html 文件。项目目录构成如图 1-19 所示。

（3）编写测试页面内容，并使用内置浏览器插件预览，验证环境是否搭建成功。

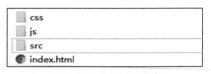

图 1-19　项目目录构成

任务实施

（1）创建新云课堂项目。选择菜单栏中的"文件"—"新建"—"1. 项目"选项，如图 1-20 所示，创建一个名称为"NOC"的空项目，如图 1-21 所示。

图 1-20　新建项目

图 1-21　创建一个名称为"NOC"的空项目

在"NOC"项目文件夹上单击鼠标右键，在弹出的快捷菜单中选择"新建"命令，新建目录，将目录名称设定为 1。

经验分享

项目目录并不是严格固定的，通常是根据具体需求设计的，但基本上都要将同一类文件放到相同的目录下，如 css 文件夹下放置的应该全部是 .css 文件。文件夹名也可以相对自由地设定，但是推荐使用意义明确的英文单词作为文件夹的名称，例如 css 文件夹可以使用 style 作为名称。常见的前端项目的路径结构如图 1-22 所示，根据具体的内容关联进行划分。

（2）创建 index.html 文件。在新建的目录上单击鼠标右键，在弹出的快捷菜单中选择"新建"—"7.html 文件"

图 1-22　常见的前端项目的路径结构

命令，如图 1-23 所示，创建项目中的 index.html 文件，如图 1-24 所示。

图 1-23　新建 .html 文件

图 1-24　创建项目中的 index.html 文件

经验分享

　　HTML 页面文件的扩展名有两种，即 .html 与 .htm。两者在使用上没有任何区别，之所以存在这样的情况，是因为早先的 Windows 系统在设计时限定可识别文件扩展名最多 3 个字母，所以很多文件扩展名都是由文件类型名称简化而来。如 .js 对应 JavaScript 文件，.css 对应 CSS 文件，.htm 对应 HTML 文件。随着 Windows 版本的迭代升级，不再有这样的限制，如今写网页文件扩展名时，推荐使用 .html。

　　（3）编写测试页面内容。选择菜单栏中的"编辑"—"缩进"选项，选择"按下 Tab 时使用空格代替制表符（R）"与"Tab 宽度：4 个空格"选项，再选择"将 Tab 转成空格（S）"选项，如图 1-25 所示，将页面中的制表符更换为 4 个空格。这样操作之后，每次按【Tab】键将会自动输入 4 个空格。

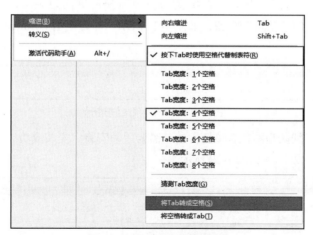

图 1-25　使用空格代替制表符

经验分享

　　为什么要用空格代替制表符？

　　制表符就是按一次【Tab】键所产生的间隔，通常是 4 个空格宽度。不过由于系统的不同、编辑器的不同或者编辑器设置的不同，不同环境下代码的制表符间隔可能是两个空格，也可能是 4 个空格。因此，如果在编写代码时使用制表符进行缩进，那么将代码移植到别的环境时，就很可能会发生缩进的混乱，这样代码就会难以阅读。而空格在所有的系统或软件环境下都是一样的，使用空格代替制表符可以避免相同代码在不同环境下的缩进混乱问题，因此，推荐使用空格来进行缩进。

（4）在 index.html 文件中输入如下内容。

```html
<!DOCTYPE html>
<html>
    <head>
        <meta charset="utf-8">
        <title> 页面测试 </title>
    </head>
    <body>
        <h1>Hi！欢迎你进入新云课堂开启在线学习之旅 </h1>
    </body>
</html>
```

检查输入内容，确保输入无误后按【Ctrl+S】组合键保存对文件的修改。在项目目录 1 中使用 Chrome 浏览器打开 index.html 文件，即可看到页面的测试效果，如图 1-26 所示。

图 1-26　页面的测试效果

通过上述方式我们能看到正确的测试页面，但是操作过于烦琐。更便捷的方式是利用 HBuilderX 提供的内置浏览器插件直接在编辑界面预览页面效果。在保存文件之后，单击 HBuilderX 界面右上角的"预览"按钮，如图 1-27 所示，即可使用 HBuilderX 的内置浏览器预览页面效果。

图 1-27　单击"预览"按钮

HBuilderX 标准版默认是不包含该插件的，需要手动安装。安装成功后，单击"预览"按钮，就可以实时查看页面效果了，如图 1-28 所示。

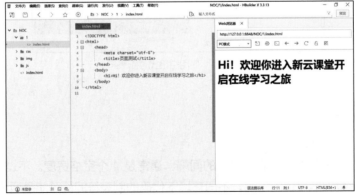

图 1-28　实时查看页面效果

至此就完成了制作一个测试页面和使用预览工具快速预览测试页面效果的流程。步骤虽相对简单，但体现了一个项目从搭建到简单测试的完整流程，需要读者熟练掌握。

后面将在此基础上完成课程基础页面、课程推荐页面、课程播放页面、课程说明页面、信息登记页面、用户登录页面和用户注册页面等页面的制作、美化和预览。

1.6　任务小结

本任务主要讲述了 Web 的概念，介绍了主流的浏览器、Web 标准及 HTML5 标准的优势，并且完成了新云课堂项目开发环境的搭建，包括浏览器和 HBuilderX 的安装。

通过对本任务的学习，读者需要了解主流浏览器和 HBuilderX 的基本使用方法，并能够用 HBuilderX 创建 Web 项目，为后面的学习打下基础。

1.7　知识巩固

（1）HTML5 之前的 HTML 标准版本是（　　　）。

A. HTML4.01　　　　　　B. HTML4　　　　　　　C. HTML4.1　　　　　　D. HTML4.9

（2）（多选）下面的选项中，属于网页文件扩展名的有（　　　）。

A. .htm　　　　　　　　B. .html　　　　　　　　C. .txt　　　　　　　　D. .css

1.8　任务拓展

（1）你使用过的浏览器有哪些？如果对这些浏览器进行分类，你会如何划分？分类的依据又是什么？

（2）利用 HBuilderX 开发工具制作一个可以显示"你好，Web"的 Web 页面。

（3）简述 HTML5 标准的特点。

任务
制作课程基础页面

02

2.1　任务概述

　　创新是引领发展的第一动力，随着"互联网+"的迅速发展，"互联网+教育"就是教育模式的创新，可以为学习者提供便捷有效的学习形式。接下来将介绍如何利用HTML5+CSS3技术来完成"新云课堂"在线学习平台的设计和开发。

　　HTML5是一种用来描述网页的语言。我们在浏览器中所看到的页面是浏览器内部的解析器对HTML5文档内容进行识别与渲染的结果。HTML5标准是一种受到广泛认可的网页规范标准，不仅应用于网页开发，在嵌入式开发、移动端开发、PC端开发等场景下也有广泛的应用。所以掌握HTML5标准已成为广大开发人员的必备基础技能。HTML5文档包含HTML5标签和内容，通过一个个标签来展示页面内容，通过标签的嵌套配合组成一个个内容丰富的网页。制作网页的过程就像是搭积木，HTML部分就是需要先搭建的基础积木，待基础搭建好后，再通过CSS为积木上色美化，从而完成网页的制作。

2.2　任务目标

素质目标

（1）培养学生的创新精神和合作意识。

（2）培养学生编程的规范意识和职业素养。

知识目标

（1）掌握HTML5基础语法。

（2）掌握HTML5基础标签。

（3）掌握语义化结构标签。

技能目标

（1）能够使用规范的HTML5结构编写代码。

（2）能够使用HTML5标签定义网页元素。

（3）能够熟练地使用 HBuilderX 编写简单的 HTML5 页面。

2.3　知识图谱

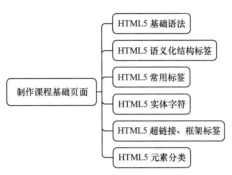

2.4　任务准备

微课视频

制作课程基础
页面 1

2.4.1　HTML5 基础语法

页面代码中除了文档头，剩下的是很多由尖括号包裹的内容，这些内容就是 HTML5 的核心——元素和标签。

页面元素就是通过页面标签进行定义的。元素一般是由相同字母的开始标签和结束标签作为元素的开始与结束，语法结构如下。

```
< 标记 > 标签内容 </ 标记 >
< 标记 属性 =" 值 "> 标签内容 </ 标记 >
```

< 标记 > 是开始标签，而 </ 标记 > 则是结束标签，它们是成对出现的；两个标签之间包裹着内容，内容可以嵌套文字信息或者其他标签；开始标签中也可有属性与属性值的键值对存在，用以设定一些特性。这种有标签内容的标记标签称为双标记标签。

但是也有特例，并不是所有的元素都是由开始与结束双标记标签构成的。这种元素的语法结构如下。

```
< 标记 />
< 标记 属性 =" 值 "/>
```

这种没有标签内容的标记标签称为单标记标签，是从双标记标签演化而来的，即将 < 标记 ></ 标记 > 简化成 < 标记 />。因为有些标签的功能作用相对简单，并没有标签内容嵌套，如果按照双标记标签的写法就显得相对烦琐。单标记标签可以看作开始标签与结束标签的组合体。在实际开发过程中，也常用如下方式书写。

```
< 标记 >
< 标记 属性 =" 值 ">
```

▷ **经验分享**

HTML 是参考 XML 设计的。XML 是一种严格的标记语言，所以严格按照标记语言的语法书写，从而让代码更健壮，减少后期因代码风格不统一带来的问题。但在实际开发过程中，由于浏览器对 HTML 代码有一定的纠错能力，因此单标记标签这种不符合严格的 HTML 代码规范的书写风格并不会导致页面错误，仍然能够被浏览器正确识别并解析。简写风格可以减少代码的书写量，在页面代码中有大量的单标记标签的场景下，这种书写风格就会体现出极大的便捷性。

这两种书写方式的出发点不同，并没有强制的书写要求，通常以开发团队在项目初期自定的开发规范为准，保证项目代码风格一致即可。

HTML5 是用树形结构来描述内容的。树形结构存在两种关系：父子关系（Parent-Child) 和兄弟关系 (Siblings)。

举例如下。

```
<div>
    <h1> 新云课堂 </h1>
    <p> 教育点亮人生，创新引领未来。</p>
</div>
```

在上面的案例代码中，<div> 标签中包含 <h1> 标签和 <p> 标签，那么 <div> 标签与 <h1> 标签、<p> 标签为父子关系；而 <h1> 标签和 <p> 标签处在同一级别，它们为兄弟关系，在编写代码时一般对齐书写。树形结构如图 2-1 所示。

HTML5 的元素是可以嵌套的，元素的大小取决于最近的父元素。在书写代码时，可以通过缩进的形式来表示 HTML5 中的嵌套关系，通常根据团队开发风格可以选择两个或 4 个空格来表示缩进。

网页中的一个新闻标题、一个文章段落、一张广告图片、一块视频播放区域等都是利用不同的 HTML5 标签完成的，如图 2-2 所示。

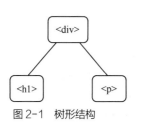

图 2-1　树形结构

```
1  <!DOCTYPE html>
2  <html>
3      <head>
4          <meta charset="utf-8">
5          <title>我的第一个页面</title>
6      </head>
7      <body>
8          <h1>hello WEB</h1>
9      </body>
10 </html>
11
```

图 2-2　HTML5 标签

文档头，也称文件头，是 HTML5 文件结构的一部分，在文件的最开始，并不是 HTML5 的基础结构部分。文档头是用来进行文件任务说明的。在 Windows 操作系统中，文件的打开方式是根据文件的扩展名来确定的。如 .exe 文件表示可执行文件，直接双击打开；.jpg 文件表示图片文件，用画图工具打开；.psd 文件是 Photoshop 支持的文件，用 Photoshop 打开。但是在 Linux 操作系统中，并不要求文件必须有扩展名，那么如何对文件的开发方式进行有效的识别呢？这就要借助文档头的功能，即在文档头中添加打开文件所需程序的调用路径，这种方式在 Linux 操作系统中非常常见。借助文档头不仅可以设定打开的程序，还可以设定打开之后的处理方式。HTML4.01 的文档头有如下案例。

```
<!DOCTYPE HTML PUBLIC "-//W3C//DTD HTML 4.01//EN"
    "http://www.w3.org/TR/html4/strict.dtd">
```

这是一个严格定义的 HTML4.01 文档，此类型的文档对文档内的代码要求比较严格，不允许使用任何表现层的标签和属性，不可以使用框架。通过文档头设定了文件的打开方式，并进行了内容限定及文件语法的版本设定。而现在我们所看到的 HTML5 的文档头非常简洁，如下所示。

```
<!DOCTYPE html>
```

经验分享

既然文档头不是 HTML 的一部分，那么是否可以不写呢？

虽然不写文档头不会出现严重的错误，但是如果缺失文档头，浏览器在解析页面时会根据自己的判断方式自动为文档添加一个文档头，并按照该文档头的解析标准进行页面解析，这就可能导致页面以各种混乱状态展示出来。所以为了避免这种未知的错误，不能省略文档头。

从 index.html 文件的代码中可以明显地看到标签嵌套的结构。

```
<html><!-- HTML 的文件内容整体 -->     <body>
<head>                                 <!-- 体部 -->
<!-- 头部 -->                          </body>
</head>                                </html>
```

<html>、<head>、<body> 这 3 类标签及其作用见表 2-1。

表2-1   <html>、<head>、<body>这3类标签及其作用

标签	作用
<html>	HTML 标签。包裹 head 与 body 元素，用于包裹整个页面内容
<head>	HTML 头标签。包裹页面相关的设定信息，例如页面标题、页面关键词、字符编码方式设定、.css 文件的引入、.js 文件的引入、媒体查询功能等
<body>	HTML 体标签。包裹的内容是网页的主体部分，要在页面显示的内容都应放在该标签中

1. <title> 标签

该标签用来设定网页的标题内容。根据浏览器是否支持标签化方式，会出现在浏览器单页面标签标题栏或窗体标题栏中。举例如下。

```
<title> 页面标题内容 </title>
```

2. <meta> 标签

<meta> 标签用来描述一个 HTML 网页文档的属性,例如作者、日期和时间、网页描述、关键词、页面刷新等。

<meta> 标签有如下几个常用的属性。

```
<meta charset="UTF-8">
```

该属性设定页面在打开时以 UTF-8 编码方式进行解码识别。对应的值还可以是 gbk、gb-2312、latin 等。

```
<meta name="keywords" content=" 教育，科技，创新 ">
```

该属性设定页面的关键词内容。设置与页面内容相关的、精准的、热门的关键词，有利于搜索引擎的识别和推广。

```
<meta name="description" content=" 创新学习方式，提高学习实效 ">
```

该属性设定页面的描述内容。设置与页面内容相关的、精准的、热门的描述内容，同样有利于搜索引擎的识别和推广。

```
<meta name="robots" content="all">
```

该属性设定页面爬取协议，可设定的值有 all、none、index、noindex、follow、nofollow，见表2-2。

表2-2　<meta>标签contect属性可设定的值及作用

属性值	作用
all	文件将被检索，且页面上的链接可以被查询
none	文件将不被检索，且页面上的链接不可以被查询
index	文件将被检索
follow	页面上的链接可以被查询
noindex	文件将不被检索，但页面上的链接可以被查询
nofollow	文件将被检索，但页面上的链接不可以被查询

▶ **经验分享**

编码方式推荐优先使用 UTF-8。

（1）UTF-8 涵盖几乎全部的世界文字符号，能够有效杜绝乱码问题的出现。

（2）网站中的数据绝大多数情况还需要和数据库或者其他媒介进行数据交互，以 UTF-8 编码方式进行数据交互更通用。

（3）大多数主流编辑器默认的编码方式均为 UTF-8。请不要使用 Windows 操作系统自带的记事本进行编辑，因为 Windows 中文版操作系统使用的是 GB2312 的编码方式。

2.4.2　HTML5 语义化结构标签

在传统的 div+CSS 页面布局中，我们会用到两个非常特殊的标签——<div> 和 <span>。这两个标签没有特殊的内容含义，仅仅表示包裹一些内容，并把它们作为一个整体进行分割，然后配合 CSS 样式进行精细的排版布局。

<div> 标签可以把 HTML 文档分割成独立的、不同的部分，因此可以用来进行网页布局。<div> 标签是成对出现的，它的语法如下。

<div> 网页内容……</div>

<div> 标签默认独占一行，只有使用 CSS 样式对它进行控制，才能对网页进行排版，制作出复杂多样的网页布局。此外，在使用 <div> 标签布局页面时，可以嵌套 <div> 标签，同时也可以嵌套列表、段落等各种网页元素。

<span> 标签是用来组合 HTML5 文档中的行内元素的，它没有固定的格式，只有对它应用 CSS 样式时，才会产生视觉上的变化。<span> 标签通常用来包裹段落需要单独设定样式的文字。

语义是指对一个词或者句子含义的正确解释。很多 HTML 标签也具有语义，也就是说元素本身传达了关于标签所包含内容类型的一些信息。例如，当浏览器解析到 <header> 标签时，可以解释此部分是页面的头部区域内容。<header> 标签的语义就是用它来标识页面头部。

HTML5 标准提供了大量新的语义化结构标签来描述页面结构，如图 2-3 所示。

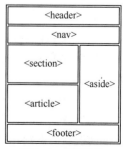

图 2-3　页面结构

从图 2-3 中可以看出，页面结构没有使用 <div> 标签，都是采用 HTML5 语义化结构标签，通过明确的标签名可以准确地划分页面内容。HTML5 语义化结构标签及其含义见表 2-3。

表2-3　HTML5语义化结构标签及其含义

语义化结构标签	含义
<header>	标记头部区域的内容（用于整个页面或页面中的一块区域）
<footer>	标记脚部区域的内容（用于整个页面或页面的一块区域）
<section>	Web 页面中的一块独立区域
<article>	独立的文章内容
<aside>	相关内容或应用（常用于侧边栏）
<nav>	导航类辅助内容
<hgroup>	对网页或区段 section 的标题元素（h1 ～ h6）进行组合
<figure>	规定独立的流内容（图像、图表、代码等）。元素的内容应该与主内容相关，同时元素的位置相对于主内容是独立的。如果内容被删除，则不应对文档流产生影响
<figcaption>	为 figure 元素定义标题。figcaption 元素应该被置于 figure 元素的第一个或最后一个子元素的位置

这些语义化结构标签与 <div> 标签并无区别，都是默认独占一行，仅仅是多了结构语义，所以在使用上和 div+CSS 的布局方式是相同的。

▷ **经验分享**

在编写页面时，尽可能地少使用没有明确语义的 <div> 标签和 <span> 标签。没有合理类名配合使用的 <div> 或 <span> 标签，不利于结构功能说明。当页面中某个部分文字内容既可以使用 <p> 标签包裹，也可以使用 <div> 标签包裹时，若使用 <p> 标签，可以明确表明该标签为段落作用，用来包裹文字内容；若使用 <div> 标签，则难以准确说明此部分的结构功能。

具有语义的标签还有很多，如果要对文字内容从结构和样式上进行区分，可以使用 <strong> 或 <em> 标签，此部分内容在后面的文本格式化标签中会继续介绍。

2.4.3　HTML5 常用标签

1. 标题标签

通过 <h1> ～ <h6> 等双标记标签定义文字标题。从 <h1> 标签到 <h6> 标签，字号依次递减，<h1> 标签用于定义最大的标题，<h6> 标签用于定义最小的标题。标题标签会占用标题所在行的整个宽度。

使用 <h1> 到 <h6> 标签设置 6 种不同级别的标题，如下所示。

<h1> 一级标题 </h1>	<h4> 四级标题 </h4>
<h2> 二级标题 </h2>	<h5> 五级标题 </h5>
<h3> 三级标题 </h3>	<h6> 六级标题 </h6>

运行后，效果如图 2-4 所示。

图2-4　标题标签运行效果

2．水平线标签

可以使用水平线标签在 HTML5 页面中创建标签所在行全宽度的水平线，用于分隔内容，标签格式如下。

```
<hr/>
```

在文档中输入一个 <hr/> 标签，就添加了一条默认样式的水平线，运行效果如图 2-5 所示。

图 2-5　水平线标签运行效果

3．段落与换行标签

段落标签 <p> 用于在网页中标记段落内容。当段落不能占满一行时，其前后会自动创建空白；当段落一行放不下所有文字时，文字会自动换行，增加段落的高度，浏览器会自动添加这些空间。

在文档中用 <p> 标签标记一段文字，如下所示。

```
<p> 人生这场游戏的胜利不在于能否拿一副好牌，而在于怎样去打好坏牌，世上没有常胜将军，勇于超越自我的人才能得到最后的奖杯 </p>
```

运行效果如图 2-6 所示。

人生这场游戏的胜利不在于能否拿一副好牌，而在于怎样去打好坏牌，世上没有常胜将军，勇于超越自我的人才能得到最后的奖杯

图 2-6　段落标签运行效果

 标签为换行标签。在段落标签标记的内容内可以用
 标签指定文字的换行位置，如下所示。

```
<p> 人生这场游戏的胜利不在于能否拿一副好牌，而在于怎样去打好坏牌，<br> 世上没有常胜将军，勇于超越自我的人才能得到最后的奖杯 </p>
```

运行效果如图 2-7 所示。

人生这场游戏的胜利不在于能否拿一副好牌，而在于怎样去打好坏牌，世上没有常胜将军，勇于超越自我的人才能得到最后的奖杯

图 2-7　换行标签运行效果

4．HTML5 文本格式化标签

文本格式化标签主要是指字体特殊样式标签。字体特殊样式标签用来设定一些特殊的样式，其中常用的标签见表 2-4。表 2-4 中没有列出 <i>、<b> 等标签，这些标签在 HTML5 的规范中是不推荐优先使用的。

表2-4　常用的字体特殊样式标签

字体特殊样式标签	作用效果
<strong> 文字内容 </strong>	字体加粗
<em> 文字内容 </em>	字体倾斜
^{文字内容}	字体上标
_{文字内容}	字体下标
<del> 文字内容 </del>	给文字添加删除线

除了以上常用的字体特殊样式标签之外，HTML5 标准还新增了很多具有特殊含义的文本标签。这些标签中有一部分在表明特定含义的同时，也有对应的默认文字显示效果。其中常用的一部分见表 2-5，读者可自行编写代码查看对应效果。

表2-5　HTML5标准新增的具有特殊含义的部分文本标签

文本标签	作用效果
`<ins>` 文字内容 `</ins>`	给文字添加新增线
`<mark>` 文字内容 `</mark>`	标记内容，文字默认高亮显示
`<q>` 文字内容 `</q>`	表示内容为引用内容，文字默认倾斜
`<abbr>` 文字内容 `</abbr>`	表示内容为缩写或简写，文字下方有虚线
`<cite>` 文字内容 `</cite>`	表示内容为作品标题名称，文字默认倾斜
`<address>` 文字内容 `</address>`	表示内容为地址信息
`<time>` 文字内容 `</time>`	表示内容为时间

5. 图像标签

图像标签 `<img/>` 用来向页面中加载图片内容，基本语法如下。

```
<img src=" 图片路径 " alt=" 图像的替代文字 " title=" 鼠标指针悬停提示文字 " width=" 图片宽度 " height=" 图片高度 " />
```

图像标签

其中，src 属性用于指定图片路径。alt 属性用于指定图像无法显示时（如图片路径错误或网速太慢等）替代显示的文本，这样，即使图像无法显示，用户还是可以看到网页丢失的信息内容。所以在制作网页时 alt 属性通常和 src 属性配合使用。title 属性用于提供额外的提示或帮助信息，当鼠标指针移至图片上时显示提示信息，方便用户操作。

📄 经验分享

通过 `<img/>` 标签的属性对图片的宽、高进行设定时不需要添加单位，默认单位为像素（px）。如果不对图片的尺寸进行设定，浏览器会根据图片的实际尺寸进行自适应，这就有可能在网页布局已经确定的情况下因管理人员或用户提供了非预期大小的图片，导致页面布局出现变化。所以在使用 `<img/>` 标签进行图片显示时，如果图片尺寸不能确定，为了防止上述问题，最好手动指定图片的合理宽、高。

图像标签的宽、高设定

使用 CSS3 样式同样可以进行图片宽、高的设定，但是浏览器进行页面渲染的步骤是"先完全加载 HTML，再加载 CSS 进行渲染"，如果页面加载较慢，那么即使页面中有相关 CSS 样式设定，由于页面没有完全执行完渲染，`<img/>` 标签也会自动设定原图大小从而产生页面排版混乱的问题。

6. 常用图像格式

常用的图像格式有 4 种，即 JPG（JPEG）格式、GIF、BMP 格式、PNG 格式。此处，还有 SVG 格式和 WebP 格式。网页中的图片大多采用的是 JPG、GIF 和 PNG 3 种格式，大多数浏览器可以显示这些格式图像。下面就来具体介绍这 4 种常用的图像格式。

JPG 格式

（1）JPG 格式

JPG（JPEG）格式是在 Internet 上被广泛支持的图像格式，它是联合图像专家组（Joint

Photographic Experts Group）的英文缩写。JPG 格式采用的是有损压缩，会造成图像画面的失真，不过压缩之后的文件很小，而且比较清晰，所以比较适合在网页中应用。

此格式是适用于摄影图像或连续色调图像的高级格式，这是因为 JPG 文件可以包含数百万种颜色。随着 JPG 格式文件品质的提高，文件的大小和下载时间也有所增加。通常可以通过压缩 JPG 格式文件在图像品质和文件大小之间达到良好的平衡。

（2）GIF

GIF 是网页中使用最广泛、最普遍的一种图像格式，它是图像交换格式（Graphic Interchange Format）的英文缩写。GIF 文件支持透明色，因此在网页的背景和一些多层特效的显示上用得非常多。此外，GIF 还支持动画，这是它最突出的一个特点。

（3）BMP 格式

BMP 格式在 Windows 操作系统中使用得比较多，它是位图（Bitmap）的英文缩写。BMP 格式与其他 Windows 程序兼容，它不支持文件压缩，也不适用于 Web 页面。

（4）PNG 格式

PNG 是流式网络图形（Portable Network Graphic）的英文缩写。PNG 格式兼具 GIF 和 JPG 格式的优势，同时具备 GIF 不具备的特性。PNG 格式是一种新兴的 Web 图像格式。

（5）SVG 格式

SVG 格式是一种矢量图形文件格式，它的英文全称为 Scalable Vector Graphics，意思为可缩放的矢量图形。它是由万维网联盟基于 XML 开发的。严格来说，它应该是一种开放标准的矢量图形语言，用户可以直接用代码来描绘图像，可以任意放大图形显示，但绝不会以牺牲图像质量为代价；可在 SVG 图像中保留可编辑和可搜寻的状态；对于简单图形，通常 SVG 格式的文件比 JPEG 和 PNG 格式的文件要小很多。但是 SVG 格式的缺点也很明显，就是对于复杂的图像，其内容的轮廓的不规则程度会让 SVG 的描述方式更复杂，增加了代码量。在实际项目开发中，SVG 格式大多应用于图标等尺寸根据页面内容变化的内容元素上。需要注意的是，部分低版本浏览器并不支持 SVG 格式。

（6）WebP 格式

WebP 格式是于 2010 年推出的新一代图片格式，其在压缩方面的性能比 JPEG 格式更优越。WebP 是基于块预测的。WebP 的优势体现在：它具有更优的图像数据压缩算法，能使图片文件更小，同时使图片文件拥有极高的图像质量；具备无损和有损的压缩模式、Alpha 通道以及动画的特性，对 JPEG 格式和 PNG 格式的转换效果都相当优秀、稳定和统一。对于 WebP 格式的使用需要注意的是，iOS 并不支持原生 WebP 格式的图像。

2.4.4 HTML5 实体字符

实体字符用来在页面中输出部分用键盘不能输出的内容或一些特殊符号，例如版权符号"©"等。实体字符更多是用来防止元素内容文本被当作 HTML 标签或实体字符解析。

实体字符有两种形式：一种以英文单词或单词简写作为助记符，另一种则是以数字作为助记符。通常使用前者，前者的可读性强，利于记忆与阅读。常用实体字符见表 2-6。

表2-6 常用实体字符

内容	形式1	形式2	案例
空格			\<a href="#"> 百度 \</a> | \<a href="#"> 搜狗 \</a>
间隔号（·）	&middot;	&#183	卡尔 · 海因里希 · 马克思
大于号（>）	&gt;	&#62;	如果时间 > 晚上 6 点，就坐车回家
小于号（<）	&lt;	&#60;	如果时间 < 早上 7 点，就走路去上学
与号（&）	&amp;	&#38;	& 在逻辑运算中表示与或非中的与运算
引号（""）	&quot;	&#34;	在 W3C 规范中，HTML 的属性值必须用成对的 " 引起来
单引号（''）	&apos;	&#39;	IE 浏览器不支持对 ' 的识别
版权符号（©）	&copy;	&#169;	©2013—2020 河北工职大
注册商标（®）	&right;	&#174;	河北工职大 &right;
商标（™）	&trade;	&#8482;	河北工职大 ™
人民币（￥）	&yen;	&#165;	这个笔记本标价 ¥100
欧元（€）	&euro;	&#8364;	今天 € 的汇率是多少
乘号（×）	&times;	&#215;	10×10=100
除号（÷）	&divide;	&#247;	10÷10=1

经验分享

有些字符如大于号（>）明明可以用普通符号，为什么还设计实体字符？

我们需要回忆一下页面是什么。页面是用普通文本代码书写成 HTML 文件，通过浏览器对 HTML 文件内容按照 HTML 对应版本的标准进行解析渲染而得到的。由于 HTML 的语法规范中涉及作为语法标记的"<"">""=""\""""" "（空格），因此在编写页面文本内容时，就有可能产生非预期的 HTML 代码解析。

例如，网页文件里的内容为"<hr> 是水平分割线"，则保存预览的结果将会是"<hr>"被错误地解析为一条水平线，如图 2-8 所示。

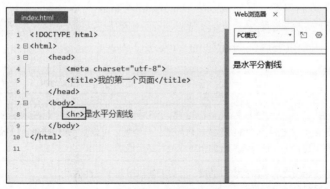

图 2-8 保存预览的结果

如果页面中嵌入 HTML 标签中的文本内容满足 HTML 语法但又不希望以解析的方式输出，则可使用实体字符将其替代。将上述代码中的"<hr>"改为"<hr>"，效果如图 2-9 所示。

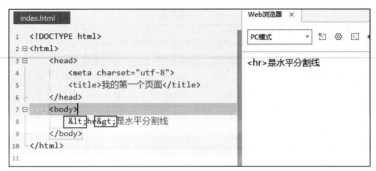

图 2-9　使用实体字符的效果

注意，由此会引出新问题，即如果要输出的内容满足实体字符形式但又不希望进行实体字符转换（例如在页面中输出"<hr>"），应该怎么做？

只需要将"&"符号用实体字符"&"来表示就可以了，如图 2-10 所示。

图 2-10　输出实体字符的效果

2.4.5　HTML5 超链接、框架标签

制作课程基础页面2

超链接标签

1. 超链接标签

在 HTML5 中，超链接有 3 种类型：普通超链接，用来实现页面间跳转；锚点超链接，用来实现页面内跳转；功能超链接，用来实现外部应用调用或其他功能。超链接标签的语法格式如下。

```
<a href=" 链接地址 " target=" 目标窗口位置 "> 链接文本或图像 </a>
```

超链接标签中的两个重要属性 href 和 target 见表 2-7。

表2-7　超链接标签中的两个重要属性href和target

属性	作用
href	设定超链接触发之后，浏览器要跳转访问的目标地址。可以是完整的 URL（Uniform Resource Locator，统一资源定位符）地址或者本地的相对或绝对路径地址
target	设定超链接触发之后，新的窗口的展示方式。有以下几个属性值。 _self：在原窗口展示新页面 _blank：在新窗口新标签中展示新页面 _parent：在父框架集中打开被链接文档 _top：在整个窗口中打开被链接文档 Framename：在指定的框架中打开被链接文档

网页浏览的实质就是在不同的页面之间跳转，这种跳转就是由超链接标签实现的。超链接的主要用途就是实现页面间的跳转。

关于路径，需要重点区分掌握几个概念，见表2-8。

表2-8 路径的概念

概念	用法
绝对路径	指向目标地址的完整描述，一般指向本站点外的文件。例如： <a href=http://www.sohu.com/index.html> 搜狐 </a>
相对路径	根据当前页面的路径来追加描述，一般指向本站点内的文件。例如，<a href="login/login.html"> 登录 </a> 表示链接地址为当前页面所在路径的 login 目录下的 login.html 文件。假定当前页面所在的目录为 "D:\root"，则链接地址对应的页面为 "D:\root\login\login.html"
相对路径符号 ..	表示当前目录的上级目录
相对路径符号 .	表示当前目录
根路径符号 /	表示服务器设定的网站根目录，在路径左侧开始位置的 "/" 才是根路径

为文本添加超链接，使普通的文字具有类似按钮的效果。把下面的代码写入页面文件中并保存，然后在浏览器中打开，如图 2-11 所示，单击查看效果。

```
<a href="http://www.baidu.com" target="_self"> 百度一下 </a>
```

超链接可以给普通的文本添加超链接功能，也可以给图片等内容添加超链接功能。下面的代码生成一个具有链接百度首页能力的图片，效果如图 2-12 所示。

```
<a href="http://www.baidu.com" target="_self">
    <img src="./baidu.png" alt=" 百度一下 ">
</a>
```

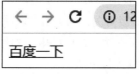

图 2-11 为文字添加超链接

图 2-12 为图片添加超链接

经验分享

实际上 <a> 标签的包裹能力很强大，<a> 标签可以包裹包括 <body> 标签在内的任何标签，包裹之后给 href 属性设定有效的网址，则使用鼠标单击被包裹的元素及其子元素所在区域，皆可以触发链接跳转。

但是注意 <a> 标签的包裹会产生一个缺陷——文本样式不会向下继承。这点会在后面的任务中说明。

2. 超链接的锚点跳转

超链接除了能够实现页面间跳转之外，还能实现页面内部的跳转，也叫作锚点跳转。先设定要跳转到的位置 "<a name="marker"> 跳转目标位置 </a>"，这个位置标记叫作锚点，即在此处产生一个定位。为了让这个定位能够被识别，就需要为其添加 name 属性，这样便可以根据 name

属性的值来确定目标位置了。

```
<a name="marker"></a>
```

然后在进行跳转触发的位置添加一个超链接标签，或者使用超链接标签包裹一些元素。这个超链接和普通超链接的用法大致相同，唯一不同的是这个超链接中用来触发跳转到指定锚点的 href 属性需要由 "# 之前设定好的锚点名" 构成，如下所示。

```
<a href="#marker"> 跳转 </a>
```

这样在页面内单击"跳转"超链接就能使页面的顶部与锚点位置对齐。

需要注意的是，在 HTML5 标准中，用户也可以直接使用要跳转到的元素作为锚点目标，而无须使用超链接作为锚点目标。使用的方式为：为作为锚点目标的元素设定 id 属性及唯一的属性值，在锚点跳转超链接的 href 属性中使用 "# 对应 id 属性值" 的形式来表示锚点目标位置。

```
<img id="marker" src="1.png" />
/* 页面中其他代码省略 */
<a href="#marker"> 跳转 </a>
```

如果页面内锚点位置到页尾的高度小于浏览器可视区域的高度，则锚点跳转只会尽可能地让锚点位置与页面顶部接近，最多至页面内容尾部与浏览器可视区域尾部齐平。

▷ 经验分享

锚点跳转和页面间跳转可以组合使用，举例如下。

```
<a href=" 对应网址 "> 页面跳转 + 锚点跳转 </a>
```

该链接会跳转到对应页面，并再从页面位置跳转至锚点值的目标位置。

3. 功能性链接

功能性链接比较特殊，当单击该链接时不是打开某个网页，而是启动本机的某个应用程序，如常见的电子邮件、QQ 等链接。以常用的电子邮件链接为例，当单击"联系我们"邮件链接时，将打开用户的电子邮件程序，并自动填写"收件人"文本输入框中的电子邮件地址。

浏览器调用本地电子邮件程序向指定邮箱发送数据，如下所示。

```
<a href="mailto:123@qq.com"> 联系我们 </a>
```

浏览器调用本地电话通信程序拨打指定号码（手机端较为常见），如下所示。

```
<a href="tel:0123-0000000"> 拨打热线 </a>
```

浏览器调用本地 TIM 或 QQ 程序向指定 QQ 用户发送数据，如下所示。

```
<a href="tencent://message/?uin=XXXXXXXXX&Site=&Menu=yes"> 联系客服 </a>
```

4. <iframe> 框架标签

<iframe> 标签会创建包含另外一个文档的内联框架（即行内框架）。<iframe> 标签的强大功能是不容忽视的，网站使用 <iframe> 标签之后会变得更加美观、大气，现有的主流浏览器都支持 <iframe> 标签。

<iframe> 标签是框架的一种形式，在 HTML5 标准之前使用 <frame> 标签来实现框架，但是 HTML5 标准明确废除了 <frame> 标签，取而代之的是 <iframe> 标签。<iframe> 标签一般用来包含别的页面，例如，我们可以在自己的网站页面中嵌套外部网站或者本站的其他页面。<iframe> 标签中的 src 属性用于设定内嵌页面的地址，name 属性用于设定框架名称。<iframe> 标签的语法

格式如下。

```
<iframe src=" 嵌套的页面地址 " name=" 内联框架名称 "
width="200px" height="200px"></iframe>
```

2.4.6　HTML5 元素分类

根据元素的排列特性，HTML5 将元素分为块状元素和行内元素。

1. 块状元素

块状元素的代表元素是 div，其他元素如 p、nav、aside、header、footer、ul、li 等都可以用 div 来实现。可以理解为具有语义的块状元素均可以由 div 代替。

块状元素的特点如下。

（1）默认情况下，块状元素独占一行。

（2）块状元素能够设定宽、高，默认宽度是父容器的 100%。

（3）块状元素内部可以容纳行内元素或者块状元素。

（4）块状元素高度、行高及外边距和内边距都可调控。

2. 行内元素

行内元素的代表元素是 span，其他元素如 strong、sub、q 等都可以使用 span 来实现。可以理解为具有语义的行内元素均可以由 span 代替。

行内元素的特点如下。

（1）相邻的行内元素可以在一行中，按照从左向右的顺序排列。

（2）行内元素的宽度就是它标记的文字或图片的宽度，不可改变。

（3）行内元素只能容纳文本或者行内元素。

（4）行内元素高度、行高及外边距和内边距不可改变。

2.5　任务实战

任务 1：制作页面通用尾部

任务要求

使用 HTML5 基础标签制作"新云课堂"页面通用尾部，效果如图 2-13 所示。

（1）使用 <p> 标签划分段落，将内容分为 3 段：公司信息、标志（Logo）、版权说明。

（2）在公司信息段落中使用
 标签换行，使用超链接设定联系电话与详细邮箱。

（3）字体大小和样式使用默认设置即可。

公司地址：xx省xxx市xx街xx号
联系电话：<u>xxxx-xxxxxxx</u>
详细邮箱：<u>xxxxx@xxx.xxx</u>

Copyright ©2020

图 2-13　页面通用尾部

微课视频

制作页面通用尾部

29

任务实施

（1）使用 <footer> 标签作为页面通用尾部的内容包裹层。

（2）使用 <p> 标签进行每行的划分，并在该标签的内容中填写对应的文本、<a> 标签链接、图片内容。

（3）将图片素材放置在当前项目的 src/images 文件夹下，并设定 <img/> 标签的 src 属性。

（4）使用实体字符完成版权符号的显示。

参考代码

```html
<!-- 尾部 -->
<footer>
    <p>
        公司地址：xx 省 xxx 市 xx 街 xx 号 <br/>
        联系电话：<a href="tel://xxxx-xxxxxxxx">xxxx-xxxxxxxx</a><br/>
        详细邮箱：<a href="mailto://xxxxx@xxx.xxx">xxxxx@xxx.xxx</a><br/>
    </p>
    <p>
        <img src="./src/images/footer-logo-1.png" width="90" height="30"/>
        <img src="./src/images/footer-logo-2.jpg" width="90" height="30"/>
    </p>
    <p>Copyright &copy;2020</p>
</footer>
```

任务 2：制作页面通用头部

任务要求

使用 HTML5 基础标签制作"新云课堂"页面通用头部，效果如图 2-14 所示。

（1）使用 <div> 标签划分段落，将内容分为 3 段：网站标题，导航链接，登录和注册。

（2）字体大小和样式使用默认设置即可。

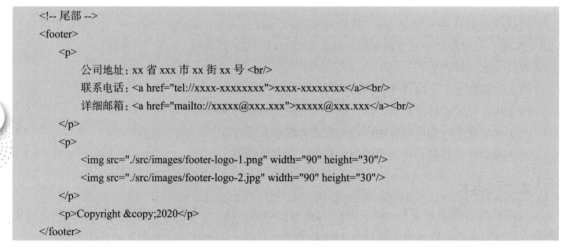

微课视频

制作页面通用头部

图 2-14 页面通用头部

任务实施

（1）使用 <header> 标签作为页面通用头部的包裹层。

（2）使用 <div> 标签进行区块划分，并在该标签的内容中填写对应的文本、<a> 标签链接。

（3）使用 <nav> 标签作为导航部分的包裹层。

参考代码

```html
<!DOCTYPE html>
<html>
    <head>
        <meta charset="UTF-8">
        <title>Document</title>
    </head>
    <body>
        <header>
```

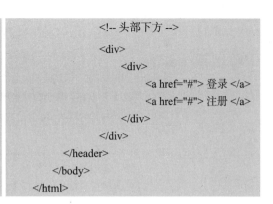

```
<!-- 头部上方 -->                        <!-- 头部下方 -->
<div>                                    <div>
    <h1>NOC 新云课堂 </h1>                    <div>
    <nav>                                        <a href="#"> 登录 </a>
        <a href="#"> 首页 </a>                    <a href="#"> 注册 </a>
        <a href="#"> 课程分类 </a>             </div>
        <a href="#"> 直播课堂 </a>          </div>
        <a href="#"> 阶段测试 </a>        </header>
    </nav>                                </body>
</div>                                </html>
```

任务 3：制作课程说明页面

微课视频

制作课程说明
页面

31

任务要求

使用 HTML5 基础标签制作"新云课堂"课程说明页面，效果如图 2-15 所示。

（1）使用 <p> 标签或 <div> 标签划分段落，将内容分为两段：标题信息和图文内容。

（2）字体大小和样式使用默认设置即可，其中图片宽度为 500px。

（3）完成课程说明页面内容后，将之前的页面通用头部、页面通用尾部内容加入课程说明页面中，生成一个完整页面。

任务实施

（1）使用 <section> 标签作为课程说明页面的内容包裹层。

（2）使用 <hr> 标签进行区域划分。

（3）使用标题标签、段落标签、超链接标签、图像标签等填写对应的文本、<a> 标签链接、图片内容。

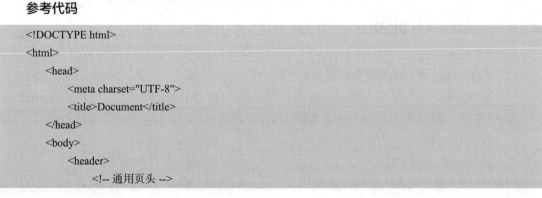

图 2-15　课程说明页面效果图

（4）将图片素材放置在当前项目的 src/images 文件夹下，并设定 <img/> 标签的 src 属性。

参考代码

```
<!DOCTYPE html>
<html>
    <head>
        <meta charset="UTF-8">
        <title>Document</title>
    </head>
    <body>
        <header>
            <!-- 通用页头 -->
```

```
        </header>
        <!-- 课程说明部分 -->
        <section>
            <h1>基于 ES6 制作网页跳棋 </h1>
            <h4>算法无处不在，从小游戏中感受大智慧 </h4>
            <img src="./src/images/tiaoqi.jpg" width="500px">
            <div>
                <span> 课程难度：入门 </span>
                <span> 课程时长：5.1 小时 </span>
                <span> 课程讲师：<a href="#"> 梁老师 </a></span>
            </div>
            <hr>
            <p> 算法（Algorithm）是指对解题方案准确而完整的描述，是一系列用于解决问题的清晰指令，
算法代表着用系统的方法描述解决问题的策略机制。也就是说，算法能够根据一定规范的输入，在有限时间内获得
所要求的输出。如果一个算法有缺陷，或不适用于某个问题，执行这个算法将不能解决这个问题。不同的算法可能
用不同的时间、空间或效率来完成同样的任务。一个算法的优劣可以用空间复杂度与时间复杂度来衡量。</p>
            <hr>
            <a href="./class.html"> 进入课程 </a>
        </section>
        <footer>
            <!-- 通用页尾 -->
        </footer>
    </body>
</html>
```

2.6 任务小结

本任务主要讲解了 HTML5 文档基础结构、语法，并介绍了 HTML5 基本标签，包括 <title> 标签、<meta> 标签，以及 HTML5 语义化结构标签、常用标签、超链接标签等标签及其相关属性，并且制作了"新云课堂"项目网页通用头部、尾部和课程说明页面。

通过对本任务的学习，读者应该掌握 HTML5 文档的基本结构，并能够熟练运用 HTML5 基础标签、段落标签、图像标签、超链接标签等，为后面的学习打下基础。

2.7 知识巩固

（1）在 HTML5 中，用于组合标题元素的是（　　　）。

    A. <group>　　　　　　B. <header>　　　　　　C. <headings>　　　　　　D. <hgroup>

（2）（多选）HTML5 文档基本格式主要包括（　　　）。

    A. <!DOCTYPE> 文档类型声明　　　　　　　　B. <html> 根标签

    C. <head> 头部标签　　　　　　　　　　　　D. <body> 主体标签

（3）HTML5 新增的语义化结构标签中，（　　　）标签用于定义与当前页面或者当前文章内容

几乎无关的附属信息，被认为是独立于该内容的一部分。

    A. <article>   B. <section>   C. <aside>   D. <figure>

（4）HTML5 中的语义化结构标签有哪些？分别对应的语义是什么？

2.8　任务拓展

参考图 2-16 所示的效果制作图书详情页面。

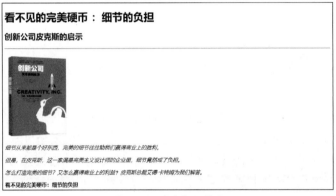

图 2-16　任务拓展效果

（1）使用 <h1> 标签制作标题，使用 <h2> 标签制作副标题。

（2）分别使用 <em> 标签和 <strong> 标签实现文字倾斜和加粗。

参考代码如下。

```
<!DOCTYPE html>
<html>
<head>
    <meta charset="UTF-8">
    <title>图书页面</title>
</head>
<body>
    <h1>看不见的完美硬币：细节的负担</h1>
    <h2>创新公司皮克斯的启示</h2>
    <hr />
    <p><img src="img/book.jpg" alt="图书" width="200" /></p>
    <p><em>细节从来都是个好东西，完美的细节往往助我们赢得商业上的胜利。</em></p>
    <p><em>但是，在皮克斯，这一家满是完美主义设计师的企业里，细节竟然成了负担。</em></p>
    <p><em>怎么打造完美的细节？又怎么赢得商业上的利益？皮克斯总裁艾德·卡特姆为我们解答。
</em></p>
    <p><strong>看不见的完美硬币：细节的负担</strong></p>
</body>
</html>
```

任务

制作课程播放页面

03

3.1 任务概述

要成为一名合格的 Web 前端工程师，不仅需要具备熟练的 Web 前端开发技能，还需要具有热爱岗位的敬业精神、乐于付出的奉献精神、团队合作意识、产品质量保障意识和服务用户的意识，以提升前端开发的实用性和易用性。"新云课堂"网站的核心功能就是提供优质的教学资源，让用户可以随时随地观看在线视频进行学习。

在 HTML5 标准出现之前，网页如果想要展示音乐、电影等音视频内容，就需要借助第三方插件，如 Flash 插件。但是它具有配置烦琐、代码实现复杂冗长等缺点。HTML5 新增了多媒体标签，让在网页中插入多媒体元素变得非常简单。

在网页中表现内容的方式并不局限于文本、段落和图片，还包括列表、表格及多媒体内容等。列表类似于 Word 文档中的项目符号与编号，并且可以与 CSS 相结合实现各种常用效果。表格是数据表现形式中非常重要的一种，网页也支持这种通过行与列的规律性组合形成的各种满足需求的表格。本任务将完成"新云课堂"课程播放页面、课程推荐页面中的列表和表格的制作。课程播放页面需要使用列表元素来展示视频列表，使用表格元素来展示课程资料，使用视频元素来实现视频播放功能。课程推荐页面使用列表元素来展示"成长路线"部分。

3.2 任务目标

素质目标

（1）培养学生的创新精神。

（2）培养学生的职业素养和服务意识。

知识目标

（1）掌握无序列表、有序列表和定义列表的定义与特点。

（2）掌握表格元素与表格的基础结构。

（3）掌握 HTML5 媒体元素。

技能目标

（1）熟练使用无序列表制作页面内容。

（2）熟练使用表格元素制作页面内容。

（3）熟练使用 HTML5 媒体元素在页面中嵌入音、视频内容。

3.3　知识图谱

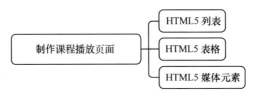

3.4　任务准备

微课视频　制作课程播放页面

动画　HTML5 列表

3.4.1　HTML5 列表

列表是 HTML5 中一个经典的数据形式，用来表现具有相同优先级的内容。根据内容的特点，列表可以分为无顺序要求的无序列表、有顺序要求的有序列表、用来定义概念的定义列表。

1．无序列表

无序列表由 <ul> 标签和 <li> 标签组成，使用 <ul> 标签作为无序列表的声明，使用 <li> 标签作为每个列表的列表项。其语法结构如下。

```
<ul>
  <li> 第 1 项 </li>
  <li> 第 2 项 </li>
  <li> 第 3 项 </li>
</ul>
```

效果如图 3-1 所示。

无序列表的特性如下。

（1）没有顺序，每个 <li> 标签独占一行，属于块状元素。

（2）默认 <li> 标签列表项前面有一个实心小圆点。

- 第1项
- 第2项
- 第3项

图 3-1　无序列表效果

无序列表一般用于实现无序类型的列表，如导航、侧边栏新闻、有规律的图文组合模块等。

2．有序列表

有序列表由 <ol> 标签和 <li> 标签组成，使用 <ol> 标签作为有序列表的声明，使用 <li> 标签作为每个列表的列表项。有序列表的嵌套方式同无序列表一样，只能在 <ol> 标签里嵌套 <li> 标签。其语法结构如下。

```
<ol>
    <li> 第 1 项 </li>
    <li> 第 2 项 </li>
    <li> 第 3 项 </li>
</ol>
```

效果如图 3-2 所示。

有序列表的特性如下。

（1）有顺序，每个 <li> 标签独占一行，属于块状元素。

（2）默认 <li> 标签列表项前面有顺序标记。

有序列表一般用于实现排序类型的列表，如试卷、问卷选项等。

1. 第1项
2. 第2项
3. 第3项

图 3-2　有序列表效果

3. 定义列表

定义列表是一种特殊的列表形式，它是标题与列表项的结合。定义列表的语法和无序列表、有序列表不太一样，它使用 <dl> 标签作为列表的开始，使用 <dt> 标签作为每个列表项的起始，而对于每个列表项的定义，则使用 <dd> 标签来完成。其语法结构如下。

```
<dl>
    <dt> 标题一 </dt>
    <dd> 第 1 项 </dd>
    <dd> 第 2 项 </dd>
    <dt> 标题二 </dt>
    <dd> 第 1 项 </dd>
</dl>
```

效果如图 3-3 所示。

定义列表的特性如下。

（1）没有顺序，每个 <dt> 标签、<dd> 标签独占一行，属于块状元素。

（2）默认没有标记。

定义列表一般用于一个标题下有一个或多个列表项的情况。

标题一
　第1项
　第2项
标题二
　第1项

图 3-3　定义列表效果

▷ **经验分享**

在实际开发中，页面中的商品列表或页面导航栏等，无论是横向排列的还是纵向排列的，通常都是使用无序列表通过浮动等方式进行布局实现的，后面的任务会详细介绍。

3.4.2　HTML5 表格

动画

表格

表格是块状元素，用于显示表格数据，例如学校常见的课程表（见图3-4）、企业常见的工资单等。由于表格结构简单，并且在生活中使用广泛，因此理解起来较容易且编写也很简单。

表格通常每行的总宽度一致，同行单元格上沿水平对齐，同列单元格左沿垂直对齐。这种严

课程表					
	周一	周二	周三	周四	周五
上午	数学	语文	外语	体育	历史
	数学	语文	外语	体育	历史
下午	数学	语文	外语	体育	历史
	数学	语文	外语	体育	历史
每节课时长：1.5小时					

图 3-4　课程表

格的约束形成了一个不易变形的长方形结构，堆叠排列起来结构很稳定。但是表格有一定的缺点——本身没有华丽的样式，不能进行个性化的设计。如果要实现一些有特点的表格样式，通常会结合使用无序列表结构和 CSS 样式。

1．表格的基础结构

表格的基础结构如图 3-5 所示。

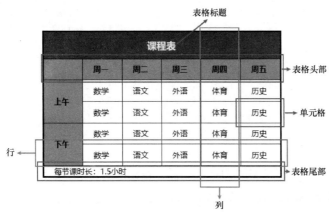

图 3-5　表格的基础结构

按照表格的结构可以划分出以下区域。

- 表格标题：表格的标题，通常出现在表格上方并居中，文字默认加粗。
- 表格头部：用来区分表格结构，通常位于表格标题的下方，包含了对应列的列标题。
- 表格主体：用来区分表格结构，表示数据内容区域。
- 表格尾部：用来区分表格结构，通常位于表格的最下方，包含表格的备注信息等。
- 单元格：表格的最小单位，一个或多个单元格纵横排列组成了表格。
- 行：一个或多个单元格横向堆叠形成行。
- 列：一个或多个单元格纵向堆叠形成列。

在 HTML5 中，<table> 标签用于定义表格，<caption> 标签用于定义表格标题，<thead> 标签用于定义表格头部，<tbody> 标签用于定义表格主体，<tfoot> 标签用于定义表格尾部，<tr> 标签用于定义行，<th> 标签用于定义列标题单元格，<td> 标签用于定义数据单元格。

2．制作表格

参照图 3-6 实现一个 3 行 3 列的表格。

对图 3-6 进行分析可以得出，表格由表格标题、表格头部、表格主体 3 部分构成。先完成 <table> 标签，根据是否需要边框来设定 <table> 标签的 border 属性的值，并在 <table>

表格标题

1行1列的标题	1行2列的标题	1行3列的标题
1行1列的单元格	1行2列的单元格	1行3列的单元格
2行1列的单元格	2行2列的单元格	2行3列的单元格

图 3-6　基础的 3 行 3 列表格

标签中完成 caption、thead、tbody 的结构。然后设定标题内容，在 <thead> 标签和 <tbody> 标签中使用 <tr> 标签划分行。在 <thead> 标签的 <tr> 标签中使用 <th> 标签设定列标题单元格内容，在其他 <tr> 标签中使用 <td> 标签设定普通单元格内容。经过这样的步骤，一个表格就完成了。

示例代码如下。

```
<!DOCTYPE html>
<html>
    <head>
        <meta charset="utf-8">
        <title></title>
    </head>
    <body>
        <table border="2">
            <caption> 表格标题 </caption>
            <thead>
                <tr>
                    <th>1 行 1 列的标题 </th>
                    <th>1 行 2 列的标题 </th>
                    <th>1 行 3 列的标题 </th>
                </tr>
            </thead>
```

```
            <tbody>
                <tr>
                    <td>1 行 1 列的单元格 </td>
                    <td>1 行 2 列的单元格 </td>
                    <td>1 行 3 列的单元格 </td>
                </tr>
                <tr>
                    <td>2 行 1 列的单元格 </td>
                    <td>2 行 2 列的单元格 </td>
                    <td>2 行 3 列的单元格 </td>
                </tr>
            </tbody>
        </table>
    </body>
</html>
```

3. 合并单元格

上面介绍了简单表格的创建，而实际项目中往往需要较复杂的表格，例如有时需要把多个单元格合并为一个单元格，这就要用到表格的跨列与跨行功能。

跨行是指单元格的纵向合并。rowspan 属性用于设定跨行，对应值指定合并的单元格个数。下面设定单元格跨行，并为 <table> 标签增加 border 属性设定边框宽度，如图 3-7 所示。

示例代码如下。

表格标题		
1行1列的标题	**1行2列的标题**	**1行3列的标题**
1行1列的单元格	1行2列的单元格	1行3列的单元格
	2行2列的单元格	2行3列的单元格

图 3-7　设定单元格跨行

```
<!DOCTYPE html>
<html>
    <head>
        <meta charset="utf-8">
        <title></title>
    </head>
    <body>
        <table border="2">
            <caption> 表格标题 </caption>
            <thead>
                <tr>
                    <th>1 行 1 列的标题 </th>
                    <th>1 行 2 列的标题 </th>
                    <th>1 行 3 列的标题 </th>
                </tr>
            </thead>
            <tbody>
                <tr>
                    <td rowspan="2">1 行 1 列的单元格 </td>
                    <td>1 行 2 列的单元格 </td>
```

38

```
                <td>1 行 3 列的单元格 </td>
            </tr>
            <tr>
                <td>2 行 2 列的单元格 </td>
                <td>2 行 3 列的单元格 </td>
            </tr>
        </tbody>
    </table>
</body>
</html>
```

跨列是指单元格的横向合并。colspan 属性用于设定跨列，对应值指定合并的单元格个数。下面设定单元格跨列，如图 3-8 所示。

示例代码如下。

表格标题		
1行1列的标题	**1行2列的标题**	**1行3列的标题**
1行1列的单元格		1行3列的单元格
2行1列的单元格	2行2列的单元格	2行3列的单元格

图 3-8　设定单元格跨列

```
<!DOCTYPE html>
<html>
    <head>
        <meta charset="utf-8">
        <title></title>
    </head>
    <body>
        <table border="2">
            <caption> 表格标题 </caption>
            <thead>
                <tr>
                    <th>1 行 1 列的标题 </th>
                    <th>1 行 2 列的标题 </th>
                    <th>1 行 3 列的标题 </th>
                </tr>
            </thead>
            <tbody>
                <tr>
                    <td colspan="2">1 行 1 列的单元格 </td>
                    <td>1 行 3 列的单元格 </td>
                </tr>
                <tr>
                    <td>2 行 1 列的单元格 </td>
                    <td>2 行 2 列的单元格 </td>
                    <td>2 行 3 列的单元格 </td>
                </tr>
            </tbody>
        </table>
    </body>
</html>
```

动画

复杂表格制作
的两种思路

当表格行列增多，内容相对复杂时，我们很难一次性写对相应的单元格个数、行列个数与合并关系，如何解决呢？

一种简单但操作起来会比较烦琐的思路是：开始制作表格的时候不要考虑最终的效果，把表格看成没有进行合并的状态，由一个个标准的单元格组成；这样先使用 n 个 <tr> 标签包裹 m 个 <td> 标签或 <th> 标签，实现一个 n 行 m 列的空表格，再根据最终效果合并单元格并删除多余的单元格即可。

另一种思路是：根据表格的最终效果，从上向下逐行书写，在每一行中从左向右书写单元格并根据实际效果直接设定跨列单元格的 colspan 属性值；这里每行中的单元格指的是单元格的上沿与该行上沿重合的单元格；这样在行内从左向右书写时，跳过了被跨行合并的单元格，并且在书写一行的过程中也解决了跨列的问题。对表格结构与单元格合并熟练掌握之后，这种思路效率更高。

3.4.3 HTML5 媒体元素

在 HTML5 问世之前，要在网页上展示视频、音频、动画等，主要使用第三方或者自主开发的播放器，使用最多的工具应该算是 Adobe 公司的 Flash 了。但是用户需要在浏览器上安装 Flash 插件才能使用 Flash，其解析速度有时会非常慢，而且 Flash 的安全漏洞较多。HTML5 媒体元素的出现改变了这一状况，在网页中使用 HTML5 来播放音频、视频再也不需要安装插件，只需要一个支持 HTML5 的浏览器就可以了。下面就来介绍 HTML5 中的两个媒体元素——视频元素和音频元素。

1. 视频元素

以前，Web 上的视频播放没有一个固定的标准，大多数视频都是通过像 Flash 这样的插件来播放的，且不同的浏览器往往支持不同的插件。如今，HTML5 中的 video 元素是播放视频的一种标准。

主流浏览器对 video 元素的支持情况见表 3-1。

表3-1　主流浏览器对video元素的支持情况

浏览器	支持版本
IE	9.0 及以上版本
Firefox	3.5 及以上版本
Opear	10.5 及以上版本
Chorme	3.0 及以上版本
Safari	3.2 及以上版本

HTML5 中的 video 元素是用来播放视频文件的，其语法如下所示。

```
<video src=" 视频路径 " controls="controls"></video>
```

其中 src 属性用于指定要播放的视频文件的路径，controls 属性用于提供播放、暂停和音量控件。此外，还可以使用 width 属性和 height 属性设置视频的宽度和高度。

在 video 元素中指定 controls 属性可以在页面上以默认的方式进行播放控制。如果不指定这个属性，那么视频就不能直接播放。还有一种方法可以解决页面内视频的播放问题，即在 video

元素里设置另一个属性 autoplay。

video 元素不仅支持单资源形式的创建，也支持同时设定多个资源的多资源形式写法。使用 source 元素链接到不同的视频文件，浏览器会自动选择第一个可以识别的格式，如下所示。

```
<video controls>
  <source src="video/video.webm" type="video/webm"/>
  <source src="video/video.mp4" type="video/mp4"/>
  你的浏览器不支持 video 元素
</video>
```

代码中文本部分的作用是，如果浏览器不支持 video 元素，则显示这段文本。

HTML5 中的 video 元素支持的视频格式有 Ogg、MP4、WebM 等。

Ogg 的全称是 Ogg Vorbis，它是一种新的音、视频压缩格式，完全免费、开放且没有专利限制，同时 Ogg 文件能将音频编码和视频编码进行混合封装。

MP4 格式是采用 MPEG4 编码标准的视频文件格式，其视频文件扩展名为 .mp4。MP4 格式是目前最流行的视频格式。

与其他格式的视频相比较，同等条件下，MP4 格式的视频质量较好，但它的专利被 MPEG-LA 公司控制，任何支持播放 MP4 视频的设备都必须有 MPEG-LA 颁发的许可证。目前 MPEG-LA 规定，只要是互联网上免费播放的视频，均可以无偿获得使用许可证。

WebM 是一个开放、免费的媒体文件格式，其视频文件扩展名为 .webm。WebM 格式由于没有专利限制等问题并且视频质量和 MP4 格式较为接近，因此已经被越来越多地应用于新的个人项目或商业项目。

2. 音频元素

以前，Web 上的音频播放也没有一个固定的标准，在访问相关网站时会遇到各种插件，如 Windows Media Player、RealPlayer 等。HTML5 问世后，终于使音频播放领域实现了统一的标准，让用户告别了使用插件的烦琐。HTML5 中的 audio 元素是用来播放音频文件的。

主流浏览器对 audio 元素的支持情况见表 3-2。

表3-2　主流浏览器对audio元素的支持情况

浏览器	支持版本
IE	9.0 及以上版本
Firefox	3.5 及以上版本
Opear	10.5 及以上版本
Chorme	3.0 及以上版本
Safari	3.2 及以上版本

HTML5 中的 audio 元素语法如下所示。

```
<audio src=" 音频路径 " controls="controls"></audio>
```

其中 src 属性用于指定要播放的音频文件的路径，controls 属性用于提供播放、暂停和音量控件。此外，还可以用 width 属性和 height 属性设置音频的宽度和高度。

与 video 元素一样，audio 元素不仅支持单资源形式的创建，也支持同时设定多个资源的多资源形式写法。使用 source 元素链接到不同的音频文件，浏览器会自动选择第一个可用资源进行播放，如下所示。

```
<audio controls>
    <source src="music/music.mp3" type="audio/mpeg" />

    <source src="music/music.ogg" type="audio/ogg" />

    你的浏览器不支持 audio 元素

</audio>
```

代码中文本部分的作用是，如果浏览器不支持 audio 元素，则显示这段文本。

HTML5 中的 audio 元素支持的音频格式有 Ogg、MP3、WAV 等。

MP3 是一种音频压缩技术，其中文全称是动态影像专家压缩标准音频层面 3（Moving Picture Experts Group Audio Layer III）。它被设计用来大幅度地降低音频数据量，利用 MPEG Audio Layer 3 的技术，将音乐以 1 ∶ 10 甚至 1 ∶ 12 的压缩率压缩成数据量较小的文件，而压缩后音频的音质与未压缩的音频相比没有明显的下降。

WAV 是最常见的音频格式之一，是微软公司专门为 Windows 开发的一种标准数字音频格式。WAV 文件能记录各种单声道或立体声的声音信息，并能保证声音不失真。但 WAV 文件有一个致命的缺点，就是它会占用较大的磁盘空间。

3.5 任务实战

微课视频

制作课程播放页面"视频列表"列表

任务 1：制作课程播放页面"视频列表"列表

任务要求

（1）使用 <a>、<p>、<ol>、<li> 标签制作"新云课堂"课程播放页面"视频列表"列表，效果如图 3-9 所示。

（2）使用 <h4> 标签生成列表标题。

任务实施

（1）使用 <h4> 标签生成标题。

（2）使用 <ol> 标签与 <li> 标签生成有序列表。

（3）在列表中的 <li> 标签内使用 <a> 标签表示链接，链接目标使用 # 表示即可。

参考代码

视频列表

1. Chrome安装
2. Web概述
3. HTML5概述
4. HTML5新特性
5. HTML5语法与特性
6. HTML5页面编码设定
7. HTML5段落
8. HTML5超链接
9. HTML5图片
10. HTML5列表
11. HTML5表格

图 3-9　课程播放页面 "视频列表"列表效果

```
<!DOCTYPE html>
<html>
    <head>
        <meta charset="utf-8">
        <title></title>
    </head>
    <body>
        <!-- 视频列表 -->
        <div>
```

```
            <h4> 视频列表 </h4>
            <ol>
                <li><a href="#">Chrome 安装 </a></li>
                <li><a href="#">Web 概述 </a></li>
                <li><a href="#">HTML5 概述 </a></li>
                <li><a href="#">HTML5 新特性 </a></li>
                <li><a href="#">HTML5 语法与特性 </a></li>
                <li><a href="#">HTML5 页面编码设定 </a></li>
                <li><a href="#">HTML5 段落 </a></li>
                <li><a href="#">HTML5 超链接 </a></li>
                <li><a href="#">HTML5 图片 </a></li>
                <li><a href="#">HTML5 列表 </a></li>
                <li><a href="#">HTML5 表格 </a></li>
            </ol>
        </div>
    </body>
</html>
```

任务 2：制作课程推荐页面"成长路线"列表

任务要求

（1）使用 `<h2>`、`<a>`、`<img/>`、`<p>`、`<ul>`、`<li>` 标签实现"新云课堂"课程推荐页面"成长之路"列表，效果如图 3-10 所示。

（2）图片宽度均为 400px，高度自适应。

任务实施

（1）将相关图片放置在项目根目录的 src/images 路径下。

（2）使用一个 div 元素包裹 ul、li 组成 3 个排行结构。

（3）在 li 中用 a 元素包裹 img 与 p 元素。

（4）补充 img 元素的资源地址。

（5）补充 p 元素中的文本内容。

微课视频

制作课程推荐页面"成长路线"列表

图 3-10 课程推荐页面"成长路线"列表效果

参考代码

```
<!DOCTYPE html>
<html>
    <head>
        <meta charset="utf-8">
        <title></title>
    </head>
    <body>
        <!-- 视频列表 -->
        <section>
```

```
            <h2> 成长路线 </h2>
            <ul>
                <li>
                    <img src="./src/images/ke1.png" alt="">
                    <p>Web 前端工程师之路 </p>
                </li>
                <li>
                    <img src="./src/images/ke2.png" alt="">
                    <p>Java 工程师之路 </p>
                </li>
                <li>
                    <img src="./src/images/ke3.png" alt="">
                    <p>Python 工程师之路 </p>
                </li>
            </ul>
        </section>
    </body>
</html>
```

任务 3：制作课程播放页面"课程资料"表格

微课视频

制作课程播放页面"课程资料"表格

任务要求

（1）按照图 3-11 所示的效果制作课程播放页面"课程资料"表格框架，设定边框宽度为 1。

（2）使用 <caption> 标签制作表格标题。

（3）使用 <tr>、<td>、<th> 标签构成 5 行 3 列的表格主体。

（4）为"名称""类型""获取"文字设置加粗、水平居中。

（5）使用超链接实现下载与跳转。

课程资料		
名称	**类型**	**获取**
教案	docx	下载
HTML5手册	访问	
腾讯软件中心	访问	
新云资源库		

图 3-11　课程播放页面"课程资料"表格效果

任务实施

（1）划分表格结构为表格标题、表格头部、表格主体 3 部分。

（2）完成标题内容。

（3）在表格头部使用 <tr>、<th> 标签完成单行 3 列的单元格排列。

（4）在表格主体使用 <tr>、<td> 标签完成 4 行 3 列的单元格排列。

（5）依次进行对应单元格跨列合并，并删除多余单元格。

参考代码

```
<!DOCTYPE html>
<html>
```

```html
<head>
    <meta charset="utf-8">
    <title></title>
</head>
<body>
    <!-- 学习资料区域 -->
    <table border="1" width="900">
        <caption> 课程资料 </caption>
        <thead>
         <tr>
            <th> 名称 </th>
            <th> 类型 </th>
            <th> 获取 </th>
         </tr>
        </thead>
        <tbody>
         <tr>
            <td> 教案 </td>
            <td>docx</td>
            <td><a href="#"> 下载 </a></td>
         </tr>
         <tr>
            <td>HTML5 手册 </td>
            <td colspan="2"><a href=" 对应网址 " target="_blank"> 访问 </a></td>
         </tr>
         <tr>
            <td> 腾讯软件中心 </td>
            <td colspan="2"><a href=" 对应网址 " target="_blank"> 访问 </a></td>
         </tr>
        </tbody>
        <tfoot>
         <tr>
            <td colspan="3"><a href="#"> 新云资源库 </a></td>
         </tr>
        </tfoot>
    </table>
</body>
</html>
```

任务 4：制作课程播放页面播放区域

任务要求

（1）完成课程播放页面播放区域的制作，效果如图 3-12 所示。

（2）使用 <h2> 标签制作标题内容。

（3）视频宽度为 900px、高度为 400px。

微课视频

制作课程播放
页面播放区域

（4）添加视频封面。

（5）视频显示控制面板。

图 3-12　课程播放页面播放区域效果

任务实施

（1）在页面合适位置添加 video 元素。

（2）设定 video 元素的封面。

（3）设定 video 元素的控件为显示状态，宽度为 900px、高度为 400px。

参考代码

```html
<!DOCTYPE html>
<html>
    <head>
        <meta charset="utf-8">
        <title></title>
    </head>
    <body>
        <!-- 课程播放器 -->
        <section>
            <h2>Chrome 安装 </h2>
            <video src="./src/video/1.Chrome 安装 .mp4" poster="./src/images/ke1.png" controls="controls" width= "900"
height="400"></video>
        </section>
    </body>
</html>
```

3.6　任务小结

本任务主要讲解了列表、表格、多媒体等相关标签的基本语法、相关属性和使用方法，并且制作了"新云课堂"页面侧边栏课程视频列表、成长路线列表、课程资料表格和课程播放区域。

通过对本任务的学习，读者需要掌握在网页中添加表格、列表的方法，并能够熟练运用 HTML 表格、列表、多媒体等标签，为后面的学习打下基础。

3.7　知识巩固

（1）以下不能用来定义表格内容的标签为（　　　）。

　　A.
　　　　　　　　B. <tr>　　　　　　　　C. <th>　　　　　　　　D. <td>

（2）书写出 HTML5 中表格的完整结构。

（3）分析下面的 HTML 代码片段，各选项中说法正确的是（　　　）。（选择两项）

```
<table cellspacing="30">
    <tr><td colspan="2" align="center"> 姓名 </td></tr>
    <tr><td rowspan="2" align="center"> 成绩 </td>
        <td align="center"> 语文 </td>
    </tr>
    <tr><td colspan="2" align="center"> 数学 </td></tr>
</table>
```

　　A. 该表格共有 2 行 3 列　　　　　　　　B. 该表格边框宽度为 30px

　　C. 该表格中的文字均居中显示　　　　　　D. "姓名"单元格跨两列

（4）HTML5 支持哪几种列表？如何表示？

（5）如果希望实现表格的跨行和跨列，需要设置表格的哪些属性？

（6）如何在页面中使用音频元素和视频元素？

3.8　任务拓展

任务要求

（1）实现图 3-13 所示的帮助链接导航部分。

（2）表格宽度为 900px。

（3）单元格宽度为 150px。

（4）二维码图片宽高为图片原始宽高。

（5）列表中非标题的文字大小为 14px。

（6）其他效果根据效果图进行调整。

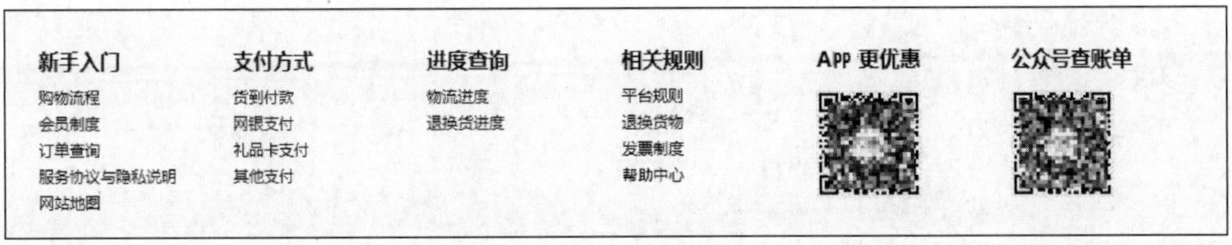

图 3-13　任务拓展效果

任务实施

（1）新建项目。

（2）使用 \<table\> 标签完成表头与表格结构。

（3）在表头中使用 \<tr\>、\<th\> 标签完成列标题内容。

（4）在表格主体部分使用 \<tr\>、\<td\> 标签完成一个 6 行 6 列的布局。

（5）在表格主体需要合并的部分进行单元格的合并。

（6）根据内容在单元格内填充相应文字和图片。

参考代码

```
<!DOCTYPE html>
<html>
    <head>
        <meta charset="utf-8">
        <title></title>
    </head>
    <body>
        <table>
        <thead>
            <tr>
                <th> 新手入门 </th>
                <th> 支付方式 </th>
                <th> 进度查询 </th>
                <th> 相关规则 </th>
                <th>App 更优惠 </th>
                <th> 公众号查账单 </th>
            </tr>
        </thead>
        <tbody>
            <tr>
                <td> 购物流程 </td>
                <td> 货到付款 </td>
                <td> 物流进度 </td>
                <td> 平台规则 </td>
                <td rowspan="6">
                    <img src="./src/app-code.png" />
                </td>
                <td rowspan="6">
                    <img src="./src/app-code.png" />
                </td>
            </tr>
            <tr>
                <td> 会员制度 </td>
                <td> 网银支付 </td>
                <td> 退换货进度 </td>
```

```html
            <td> 退换货物 </td>
        </tr>
        <tr>
            <td> 订单查询 </td>
            <td> 礼品卡支付 </td>
            <td></td>
            <td> 发票制度 </td>
        </tr>
        <tr>
            <td> 服务协议与隐私说明 </td>
            <td> 其他支付 </td>
            <td></td>
            <td> 帮助中心 </td>
        </tr>
        <tr>
            <td> 网站地图 </td>
        </tr>
        </tbody>
    </table>
    </body>
</html>
```

任务

使用表单制作页面

04

4.1　任务概述

"新时代、新技能、新梦想"，当前我国大力弘扬劳模精神、劳动精神、工匠精神，旨在激励更多劳动者，特别是青年一代走技能成才、技能报国之路。"新云课堂"项目就是为广大学习者打造的学习知识和技能的平台。

本任务将介绍如何用表单制作"新云课堂"信息登记页面、用户登录页面和用户注册页面。表单对于用户而言是数据录入和提交的界面；表单对于网站而言是获取用户信息的途径。通过在网页中添加表单元素，可以实现如会员注册、登录，问卷调查，在线考试，论坛分享、评论等功能。表单涉及信息的交互，自然离不开数据验证，数据的验证通常使用 HTML 表单元素与页面中的 JavaScript 脚本配合实现。但 HTML5 规范新增了对表单内容的简单验证功能，这一功能大大提升了用户的体验，我们应对其有一个初步的了解。

"新云课堂"项目的用户登录页面、用户注册页面及信息登记页面就需要使用本任务的表单与表单验证来实现。

4.2　任务目标

素质目标

（1）培养学生的劳动精神和工匠精神。

（2）培养学生适应时代要求、主动获取新知识和新技能的意识。

知识目标

（1）了解表单元素的定义。

（2）掌握语义化表单的制作。

（3）了解 HTML5 属性初步验证表单的功能。

技能目标

（1）掌握使用表单元素制作用户登录页面基础内容的方法。

（2）掌握使用表单元素的属性实现简单的表单验证功能的方法。

4.3　知识图谱

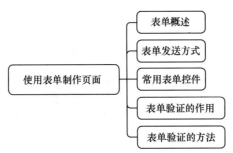

4.4　任务准备

微课视频

使用表单
制作页面

4.4.1　表单概述

表单用于前后端的数据交互，它可以将用户在页面中的表单内提交的数据打包发送给接收的服务器，从而实现数据在互联网上的传递。表单元素内用来接收用户输入的控件称为表单控件。这些控件有文本输入框、下拉列表、单选按钮、复选框等，基本上满足了大多数的数据传递需求。在各种各样的表单中通常至少有一个具有提交功能的按钮，用来触发提交这一数据动作。

例如，网站的登录页面需要获取用户的登录名称、登录密码，网上商城的购物车需要用户进行商品种类和内容的确定，搜索引擎需要用户传递要搜索的内容和搜索方式，网上考试需要考生进行题目答案的书写。网页中的表单应用如图4-1所示。

动画

表单

图4-1　网页中的表单应用

在 HTML 中，表单需要使用 form 元素来实现。form 元素即表单元素，本身并没有任何显示效果，仅用来设定表单的一些特性与包裹相关表单控件。举例如下。

```
<form>
```

动画

HTML5 新增的
表单元素

```
    <input type="text" name="username" placeholder=" 请输入登录名称 "/>
    <input type="password" name="userpwd" placeholder=" 请输入登录密码 "/>
    <input type="submit" value=" 提交 "/>
</form>
```

以上代码用于模拟信息提交，效果如图 4-2 所示。

图 4-2　模拟信息提交效果

表单元素通过设定属性及其值的方式改变设定好的一些特性，其中的重要属性及其作用见表 4-1。

表4-1　表单的重要属性及其作用

属性	作用
action	设定表单数据提交的目标地址
method	设定表单的提交方式（get 或 post）
enctype	指定表单内容的编码方式（application/x-www-form-urlencoded、multipart/form-data 或 text/plain）
name	指定表单的唯一名称
target	指定使用哪种方式打开目标 URL（_blank、_parent、_self、_top）

4.4.2　表单发送方式

动画
表单发送方式

method 属性用于设定表单的提交方式，其值 get 与 post 有什么区别呢？下面先来看看采用 post 方式和 get 方式提交表单信息后浏览器地址栏的变化。

分别使用两种方式提交表单，分别输入用户名 123456 和密码 123456 并进行表单提交。

使用 get 方式提交表单，如下所示。跳转到的页面如图 4-3 所示。

```
<form method="get">
    <input type="text" name="username" placeholder=" 请输入登录名称 "/>
    <input type="password" name="userpwd" placeholder=" 请输入登录密码 "/>
    <input type="submit" value=" 提交 "/>
</form>
```

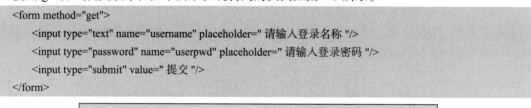

图 4-3　使用 get 方式跳转到的页面

使用 get 方式提交表单信息之后，在浏览器的地址栏中，URL 信息会发生变化。仔细观察不难发现，在 URL 信息中清晰地显示出了表单提交的数据内容，即刚刚输入的用户名和密码都完全显示在地址栏中，清晰可见。

使用 post 方式提交表单，如下所示。跳转到的页面如图 4-4 所示。

```
<form method="post">
    <input type="text" name="username" placeholder=" 请输入登录名称 "/>
```

```
<input type="password" name="userpwd" placeholder=" 请输入登录密码 "/>
<input type="submit" value=" 提交 "/>
</form>
```

图 4-4　使用 post 方式跳转到的页面

通过对比可以发现，两种提交方式之间的区别在于：使用 post 方式提交表单不会改变地址栏状态，表单数据不会被显示；使用 get 方式提交表单，则地址栏状态会发生变化，表单数据会在 URL 信息中显示。

基于这一区别，使用 post 方式提交的数据安全性明显高于使用 get 方式提交的数据。在日常开发中，建议大家尽可能地使用 post 方式来提交表单数据。

经验分享

在开发过程中，凡是涉及用户信息、长文本数据或有文件、图片上传的一律使用 post 方式进行提交，这样能够防止用户信息的泄露；而分页页码、搜索内容关键词或不记名推广来源等非敏感信息则可以使用 get 方式提交，使用这种方式进行手动修改较为便捷，并有可能提高搜索引擎收录概率。

建议使用 post 方式的另外一个重要原因是两种方式上传信息的限制量有所不同。get 方式是通过 URL 携带数据进行传送的，所以限制 get 方式内容多少的便是 URL 的最大长度。不同浏览器可发送最大 URL 长度见表 4-2。

表4-2　不同浏览器可发送最大URL长度

浏览器	最大长度（字节）	备注
IE 浏览器	2048	如果超过这个数字，单击提交按钮后浏览器不会有任何反应，因为实际上不会进行发送，也不会收到服务器的反馈
Firefox 浏览器	65536	
Chrome 浏览器	8182	
Safari 浏览器	80000	
Opera 浏览器	190000	
curl（Linux 指令）	8167	

浏览器可发送最大 URL 长度不足以提交长文本内容，这仅仅是浏览器端的限制，在服务器接收端同样有限制——服务器的最大 URL 识别长度，如果长度过长，服务器会直接丢弃本次访问或者返回错误代码为 414 的错误信息。Apache 服务器默认限制值为 8190 字节，而 Nginx 服务器的默认限制值为 4000 字节。在开发时，应尽量避免字节数超过 255 的 URL 的使用。

4.4.3　常用表单控件

表单中为用户提供数据发送能力的各种控件称为表单控件。每个表单控件都有相应的属性用于特性设定。表单控件元素中常见的属性见表 4-3。

表4-3　表单控件元素中常见的属性

属性	说明
type	此属性指定表单元素的类型。可用的值有 text、password、checkbox、radio、submit、reset、file、email、number、url、hidden、image、color、time、date、month、week、range、search、let、url、datetime、datetime-local 和 button，默认为 text
name	此属性指定表单元素的名称，例如，如果表单上有几个输入框，可以按名称来标识它们，如 username、phone 等
value	此属性是可选属性，用于指定表单元素的初始值。如果 type 属性的值为 radio，则 value 属性必须指定一个值
size	此属性指定表单元素的初始宽度。如果 type 属性的值为 text 或 password，则 size 属性的值为字符数；如果 type 属性为其他值，则 size 属性的值以像素为单位
max-length	此属性用于指定可在 text 或 password 元素中输入的最大字符数，默认值为无限大
checked	此属性用于指定按钮是否被选中。当 type 属性的值为 radio 或 checkbox 时，使用此属性

表单中大多数输入控件是由 <input> 标签实现的，不同的控件通过设定不同的 type 属性值进行区分。

1. 文本控件

文本控件主要指的是各种网站登录页面中用户进行账号、密码等信息输入的控件。文本输入框用来以明文的形式进行文字类型信息的输入，密码输入框用来以隐蔽的形式进行文字类型信息的输入。

文本输入框：表单中比较常见的表单输入元素，它用于输入单行文本信息，如用户名的文本输入框。若要在表单里创建一个文本输入框，将表单元素的 type 属性值设为 text 就可以了。

密码输入框：在一些特殊情况下，用户希望输入的数据被处理，以免被他人获取，如密码，这时候使用文本输入框就无法满足要求，需要使用密码输入框来完成。密码输入框与文本输入框类似，区别在于需要设置文本输入框控件的 type 属性值为 password。设置 type 属性值为 password 后，在密码输入框输入的字符全都以黑色实心的圆点来显示，从而实现了对数据的隐藏处理。

文本控件示例代码如下。

```
<!DOCTYPE html>
<html>
    <head lang="en">
        <meta charset="UTF-8">
        <title> 文本输入框 </title>
    </head>
    <body>
        <form method="post" action="">
            <P>
                名字：<input type="text" value="" name="fname" />
            </P>
            <P>
                姓氏：<input name="lname" value=" 张 " type="text" /></P>
            <P>
                登录名：<input name="sname" type="password" size="30" />
            </P>
```

```
            </form>
        </body>
</html>
```

效果如图 4-5 所示。

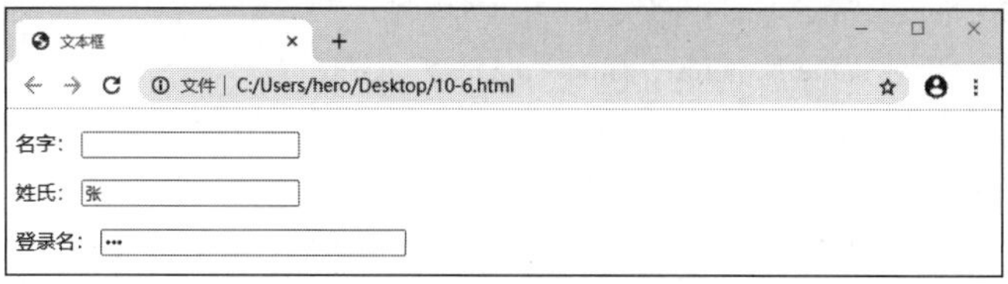

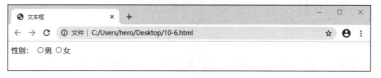

图 4-5 文本控件效果

2. 单选按钮

单选按钮控件用于实现一组相互排斥的单选按钮，组中的每个单选按钮对应一个单选按钮控件，这些单选按钮控件应具有相同的名称。用户一次只能选中一个单选按钮。只有在单选按钮组中选中的单选按钮才会在提交数据时提交对应的值。在使用单选按钮控件时，需要设定一个 value 属性，用于显示单选按钮表示的内容。语法如下。

```
<form method="post" action="">
    性别：
    <input name="gen" type="radio" class="input" value=" 男 " /> 男
    <input name="gen" type="radio" value=" 女 " class="input" /> 女
</form>
```

效果如图 4-6 所示。

图 4-6 单选按钮效果

如果希望在页面加载时，单选按钮组中有一个默认选中的单选按钮，那么可以使用 checked 属性。例如，要让"性别"组中默认选中"男"，则修改代码如下。

```
<form method="post" action="">
    性别：
    <input name="gen" type="radio" class="input" value=" 男 " checked="checked"/> 男
    <input name="gen" type="radio" value=" 女 " class="input" /> 女
</form>
```

效果如图 4-7 所示。

3. 复选框

图 4-7 设置 checked 属性后的效果

复选框与单选按钮类似，只不过复选框允许用户同时选中多个选项。将表单元素的 type 属性设为 checkbox 就可以创建一个复选框。复选框控件的命名与单选按钮控件有些区别，复选框控件既可以多个控件选用相同的名称，也可以各自具有不同的名称，关键是看如何使用复选框控件。用户可以选中某个复选框，也可以取消选中。一旦用户选中了某个复选框，在表单提交时，会将该复选框控件的 name 属性值和对应的 value 属性值一起提交。

示例如下。

```
<form method="post" action="">
    爱好：
    <input type="checkbox" name="interest" value="sports" /> 运动
    <input type="checkbox" name="interest" value="talk" /> 聊天
    <input type="checkbox" name="interest" value="play" /> 玩游戏
</form>
```

效果如图 4-8 所示。

图 4-8　复选框效果

与单选按钮一样，复选框也可以设置默认选中，同样使用 checked 属性进行设置。例如，设置默认选中"爱好"组中的"运动"复选框，则代码修改如下。

```
<form method="post" action="">
    爱好：
    <input type="checkbox" name="interest" value="sports" checked="checked"/> 运动
    <input type="checkbox" name="interest" value="talk" /> 聊天
    <input type="checkbox" name="interest" value="play" /> 玩游戏
</form>
```

单选按钮设置相同的名称是为了便于互斥选择。而复选框设置相同名称，是为了在提交数据时能够一次性得到所有选中的选项，否则每个选项都需要单独进行读取，这会降低效率。

4. 控件绑定

动画

控件绑定

单选按钮、复选框有一个先天的缺点，就是有效的点击范围有限，只能通过单击圆形或方形的选择控件触发选择功能，这样带来的用户体验实际上并不好。第一，控件尺寸小，不容易选中；第二，控件与相关文本的关联关系相对不明确，可能因为排版等问题使得选项换行，从而导致选择错误。

使用 <label> 标签提供的绑定功能可以有效地解决上述问题。<label> 标签可将对其他元素的点击事件绑定给指定元素，也就是说可以让某个元素有一个"分身"，让对"分身"的点击触发对该元素的点击。

先将文字部分使用 <label> 标签包裹形成其"分身"，然后给要被绑定的元素设定一个唯一的 id 属性值，再将 <label> 标签的 for 属性值设定为被绑定元素的 id 属性值，这就实现了点击触发的绑定。

除此之外还有更方便的用法，不需要去设定 id 属性和 for 属性，而是直接将要被绑定的元素与"分身"元素或内容都放到 label 元素的内容中，它们会自动绑定为一个整体。

前者要比后者灵活，因为后者必须要保证选项的文字等内容与选项控件紧邻。

两种用法如下所示。

```
<!DOCTYPE html>
<html>
    <head lang="en">
```

```
        <meta charset="UTF-8">
        <title> 文本输入框 </title>
    </head>
    <body>
        <form method="post" action="">
            性别：
            <!-- label 的用法一 -->
            <input id="gen_id" name="gen" type="radio" class="input" value=" 男 ">
            <label for="gen_id"> 男 </label>
            <!-- label 的用法二 -->
            <label>
                <input name="gen" type="radio" value=" 女 " class="input" /> 女
            </label>
        </form>
    </body>
</html>
```

5. 下拉列表

使用下拉列表的目的主要是使用户能够快速、方便、正确地选择一些选项，并且节省页面空间。它是通过 <select> 标签和 <option> 标签来实现的。<select> 标签用于显示可供用户选择的下拉列表，每个选项由一个 <option> 标签表示，<select> 标签必须至少包含一个 <option> 标签，语法如下。

```
<form method="post" action="">
    <select name=" 指定列表名称 " size=" 行数 ">
        <option value=" 可选项的值 " selected="selected">……</option>
        <option value=" 可选项的值 ">……</option>
    </select>
</form>
```

有多个选项可供用户滚动查看时，size 属性用于设定下拉列表中可同时看到的行数；selected 属性表示该选项在默认情况下是被选中的，而且一个下拉列表中只能有一个选项默认被选中，与单选按钮组类似。

示例代码如下。

```
<form  method="post" action="">
    出生日期：
    <input name="byear" value="yyyy" size="4" maxlength="4"/> 年
    <select name="bmon" >
        <option value="">[ 选择月份 ]</option>
        <option value="1"> 一月 </option>
        <option value="2"> 二月 </option>
        <option value="3"> 三月 </option>
        <option value="4"> 四月 </option>
        <option value="5"> 五月 </option>
        <option value="6"> 六月 </option>
        <option value="7"> 七月 </option>
        <option value="8"> 八月 </option>
        <option value="9"> 九月 </option>
```

```
        <option value="10"> 十月 </option>
        <option value="11"> 十一月 </option>
        <option value="12"> 十二月 </option>
    </select> 月
    <input name="bday" value="dd" size="2" maxlength="2" /> 日
</form>
```

效果如图 4-9 所示。

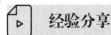

图 4-9　下拉列表效果

通过 HTML5 新增的 \<optgroup\> 标签可以将相关的选项结合起来，示例如下。

```
<select>                                                <optgroup label=" 生活语言 ">
    <optgroup label=" 编程语言 ">                            <option value="English"> 英语 </option>
        <option value="Java">Java</option>                  <option value="Chinese"> 汉语 </option>
        <option value="PHP">php</option>                </optgroup>
    </optgroup>                                          </select>
```

效果如图 4-10 所示。

图 4-10　\<optgroup\>
标签的应用效果

> **📄 经验分享**
>
> 对于 checked、selected、required 等属性，当其属性名与属性值相同时，表示真，即属性生效；当其属性名与属性值不相同时，表示假，即属性不生效。此类属性称为布尔属性，通常只写属性名即可代表完整写法：有该属性即该属性值为真，无该属性即该属性值为假。

6. 按钮

按钮在表单中经常用到，HTML5 中的按钮主要分为 3 种，分别是普通按钮（button）、提交按钮（submit）和重置按钮（reset）。普通按钮主要用来响应 onclick 事件，提交按钮用来提交表单信息，重置按钮用来清除表单中已填入的信息。表 4-4 列出了这 3 种 HTML5 中常用的按钮类型并介绍了其特点，语法如下。

```
<input type="reset" name="Reset" value=" 重填 "/>
```

表4-4　HTML5中常用的按钮类型及特点

按钮类型	特点
reset	用户单击该按钮后，无论表单中是否已经填写或输入数据，表单中各个表单元素都会被重置到最初状态，而填写或输入的数据将被清空
submit	用户单击该按钮后，表单将会提交到 action 属性所指定的 URL，并传递表单数据
button	该按钮需要与事件关联使用。在下面的示例代码中，为普通按钮添加了一个 onclick 事件，当用户单击该按钮时，将会显示该按钮的 value 值

示例代码如下。

```
<form method="get" action="">
    <p> 用户名：<input name="name" type="text" /></p>
    <P> 密码：<input name="pass" type="password" /></P>
```

HTML5+CSS3 Web前端开发技术（任务式）（微课版）（第2版）

```
    <p>
        <input type="reset" name="butReset" value="reset 按钮 " />
        <input type="submit" name="butSubmit" value="submit 按钮 " />
        <input type="button" name="butButton" value="button 按钮 " onclick="alert(this.value)" />
    </p>
</form>
```

效果如图 4-11 所示。

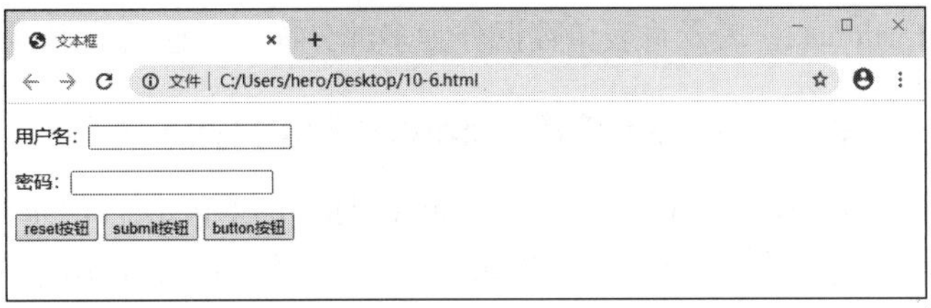

除了上述 3 种按钮，还有一种图片按钮（image），其作用与提交按钮相同，但是需要设定图片显示内容。

7. 多行文本域

当需要在网页中输入两行或两行以上的文本时，需要使用多行文本域，它的标签是 <textarea>。

示例代码如下。

```
<form method="post" action="">
    <h4> 填写个人评价 </h4>
    <p>
    <textarea name="textarea" cols="40" rows="6"> 自信、活泼、善于思考……</textarea>
</form>
```

效果如图 4-12 所示。

8. 文件域

文件域的作用是实现文件的选择，在应用时只需把 type 属性值设为 file 即可。在实际应用中，文件域通常用于文件上传的操作，如选择需要上传的文本、图片等。

示例如下。

```
<form action="" method="post" enctype="multipart/form-data">
    <p>
        <input type="file" name="files" /><br />
        <input type="submit" name="upload" value=" 上传 ">
    </p>
</form>
```

效果如图 4-13 所示。

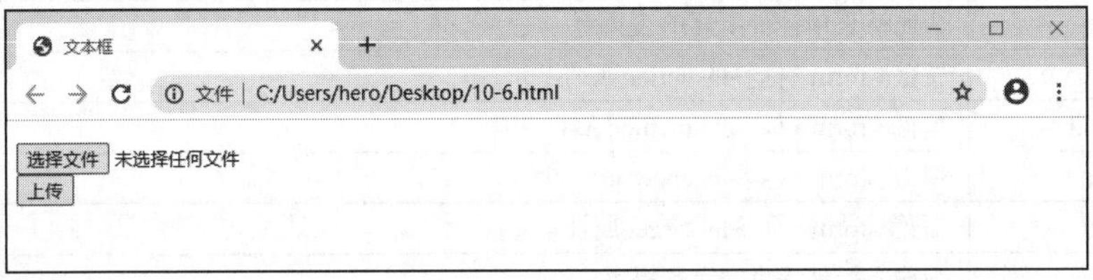

图 4-12　多行文本域效果

图 4-11　按钮效果

图 4-13　文件域效果

不同的浏览器显示效果略有不同，图 4-14 和图 4-15 所示分别为 Chrome 浏览器和 IE 浏览器中的效果。

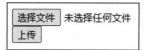

图 4-14 Chrome 浏览器中的效果

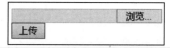

图 4-15 IE 浏览器中的效果

在使用文件域时，需要特别注意的是包含文件域的表单，由于提交的表单数据包括普通的表单数据、文件数据等多部分内容，因此必须设置表单的 enctype（编码方式）属性值为 multipart/form-data，表示将表单数据分为多部分提交，这部分内容在后面的任务中会有详细的介绍。

9. HTML5 新增的 <input> 标签的 type 属性值

HTML5 还新增了一些 <input> 标签的 type 属性值来实现一些特殊的输入，例如颜色选择器、时间选择器等。input 元素新增的 type 属性值及其作用见表 4-5。

表4-5 input元素新增的type属性值及其作用

type 属性值	作用
color	创建一个允许用户使用的颜色选择器
time	生成一个时间选择器
datetime	生成一个 UTC（Universal Time Coordinated，世界协调时）的时间选择器
datetime-local	生成一个本地化的日期时间选择器
date	可以让用户输入一个日期
month	生成一个月份选择器
week	生成一个选择第几周的选择器
email	生成一个电子邮箱输入框
number	生成一个只能输入数字的输入框
range	生成一个拖动条
search	生成一个专门用于输入搜索关键词的文本输入框
let	生成一个只能输入电话号码的文本输入框
url	生成一个 URL 输入框
hidden	隐藏作用域

10. HTML5 新增的表单控件属性

除了上面提到的新类型的 <input> 标签，HTML5 还新增了许多新的表单控件属性，见表 4-6。这些属性在很大程度上减少了 Web 前端工程师的工作量。

动画

HTML5 新增的
表单控件属性

表4-6 HTML5新增的表单控件属性

属性	作用
form	表明该表单控件所属的表单
formaction	覆盖 <form> 标签的 action 属性
formmethod	覆盖 <form> 标签的 method 属性
formenctype	覆盖 <form> 标签的 enctype 属性
formtarget	覆盖 <form> 标签的 target 属性
placeholder	为输入控件提供文字预提示
autocomplete	为输入控件提供自动补全功能
autofocus	为输入控件提供自动获取焦点功能
list	使用 <input> 标签实现类似 <select> 标签的下拉列表，需配合 <datalist> 标签使用

HTML5+CSS3 Web前端开发技术（任务式）（微课版）（第2版）

以前，所有的表单控件都必须放在 <form> 标签内，否则将无法提交给服务器，HTML5 标准为表单控件增加了 form 属性，用于表明该表单控件所属的表单。

示例如下。

```
<form action="" method="get" id="login">
    <p>
        user:<input type="text" name="username" />
    </p>
</form>
<label>
    password:<input type="password" name="pwd" form="login"/>
</label>
<p>
    <input type="submit" form="login">
</p>
```

以前，表单中一个 <form> 标签只能有一个 action 属性值，用于指定表单数据最终提交的目标地址，并对应一个提交按钮。现在为表单控件增加了 formaction 属性，则可以实现单击不同的提交按钮，将数据提交到不同的目标地址。我们需要为不同的按钮设定相应的 formaction 属性来覆盖表单的 action 属性。

示例如下。

```
<body>
    <form action="" method="get" id="login">
        <p>
            user:<input type="text" name="username" />
        </p>
        <p>
            password:<input type="password" name="pwd" form="login" />
        </p>
        <p>
            <input type="submit" formaction="login" value=" 登录 ">
            <input type="submit" formaction="register" value=" 注册 ">
        </p>
    </form>
</body>
```

效果如图 4-16 所示。

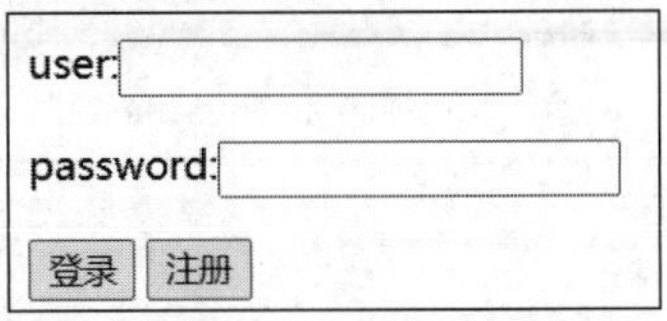

formmethod 属性的使用场景和 formaction 属性的使用场景相同，可以实现不同的提交按钮，但该属性的值只能是 get 或 post。

示例如下。

图 4-16　formaction 属性的应用效果

```
<body>
    <form action="" method="get" id="login">
        <p>
            user:<input type="text" name="username" />
        </p>
```

```
        <p>
            password:<input type="password" name="pwd" form="login" />
        </p>
        <p>
            <input type="submit" formmethod="get" value=" 登录 ">
            <input type="submit" formmethod="post" value=" 注册 ">
        </p>
    </form>
</body>
```

formenctype 属性的使用场景和 formaction 属性的使用场景相同，可以实现不同的提交按钮，只是以 multipart/form-data 类型提交表单数据。

示例如下。

```
<body>
    <form action="" method="get" id="login">
        <p>
            user:<input type="text" name="username" />
        </p>
        <p>
            password:<input type="password" name="pwd" form="login" />
        </p>
        <p>
            <input type="submit" formmethod="get" value=" 登录 ">
            <input type="submit" formmethod="post" value=" 以 multipart/form-data 类型提交 " formenctype=
"multipart/form-data">
        </p>
    </form>
</body>
```

效果如图 4-17 所示。

formtarget 属性的使用场景和 formaction 属性的使用场景相同，用以实现不同的打开方式，用于替代默认表单标签的 target 属性所指定的打开方式。Formtarget 属性的使用方法与 formaction 相似。

示例如下。

user:[   ]

password:[   ]

[登录] [以multipart/form-data类型提交]

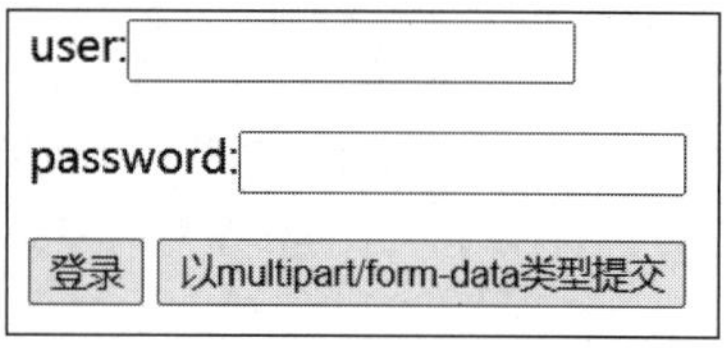

图 4-17　formenctype 属性的应用效果

```
<body>
    <form action="" method="get" id="login">
        <p>
            user:<input type="text" name="username" />
        </p>
        <p>
            password:<input type="password" name="pwd" form="login" />
        </p>
        <p>
            <input type="submit" value=" 登录 ">
            <input type="submit" value=" 提交到新窗口 " formtarget="_blank">
```

```
        </p>
    </form>
</body>
```

效果如图 4-18 所示。

autocomplete 属性可以开启或关闭表单的快速输入。浏览器一般提供了自动补全的功能，在已保存表单信息的情况下，如果用户在表单再次输入相同的信息，浏览器将会提示相关的条目完成快速输入。autocomplete 属性的默认值是 on，表示开启表单的快速输入；如果为了安全性要关闭快速输入，可以将 autocomplete 属性的值设为 off 或者在 <input> 标签中删除该属性。

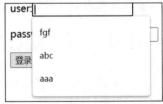

图 4-18　formtarget 属性的应用效果

示例代码如下。

```
<body>
    <form action="" method="get" id="login">
        <p>
            user:<input type="text" name="username" autocomplete="off" />
        </p>
        <p>
            password:<input type="password" name="pwd" form="login" />
        </p>
        <p>
            <input type="submit" value=" 登录 ">
            <input type="submit" value=" 提交到新窗口 " formtarget="_blank">
        </p>
    </form>
</body>
```

上述代码关闭了表单的快速输入。开启表单快速输入的效果如图 4-19 所示。

为某个表单控件添加 autofocus 属性后，如果浏览器打开这个页面，那么这个表单控件就会自动获取焦点。autofocus 属性的值只能为 autofocus。

示例如下。

图 4-19　开启表单快速输入的效果

```
<body>
    <form action="" method="get" id="login">
        <p>
            user:<input type="text" name="username" autocomplete="off" autofocus="autofocus" />
        </p>
        <p>
            password:<input type="password" name="pwd" form="login" />
        </p>
        <p>
            <input type="submit" value=" 登录 ">
            <input type="submit" value=" 提交到新窗口 " formtarget="_blank">
```

```
            </p>
        </form>
    </body>
```

效果如图 4-20 所示。

list 属性用于为文本输入框指定一个可用的选项列表，当用户在输入框中输入信息时，浏览器会根据输入的字符自动显示下拉列表提示。list 属性要与一个 <datalist> 标签结合使用。<datalist> 标签用于定义一个选项列表。datalist 元素自身不会显示在页面上，而是为其他元素的 list 属性提供数据。<datalist> 标签的使用方法与 <select> 标签相似。

图 4-20　autofocus 属性的应用

示例如下。

```
<body>
    <form action="" method="get" id="login">
        <p>
            <label> 去哪: </label>
            <input type="text" placeholder=" 填地址 " list="phone" />
            <datalist id="phone">
            <option value="Hebei"> 河北 </option>
            <option value="Henan"> 河南 </option>
            <option value="Beijing"> 北京 </option>
            <option value="Shanghai"> 上海 </option>
            <option value="Hongkong"> 香港 </option>
            </datalist>
        </p>
    </form>
</body>
```

效果如图 4-21 所示。

4.4.4　表单验证的作用

图 4-22 所示为用户进行登录的流程模拟，表单的执行原理是用户通过网络提交表单给服务器，等待服务器反馈。

图 4-21　list 属性的应用效果

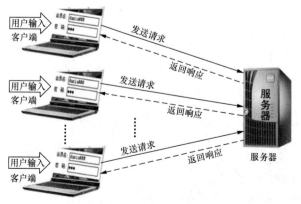

图 4-22　用户进行登录的流程模拟

动画

表单验证的作用

如果用户填写的表单内容不进行验证就发给服务器,那么服务器发现填写得不合法,或者没有填写,就会返回响应给用户,用户重新填写再提交,如此多次,直到用户输入正确。它们之间的通信是通过网络进行的,如果网络很差,那么注册一个账号就得花很长时间,这对用户来说是非常麻烦的,也增加了服务器的工作压力。

　　因此,在处理用户业务之前进行表单基础格式或内容的验证就显得非常重要了,这样可以有效地减轻服务器的压力,同时保证数据的可行性和安全性。

▷ 经验分享

　　实际上表单不仅在浏览器端需要验证,服务器端接收表单后也会马上对其进行验证。浏览器中的网页内容是可以通过浏览器自带的开发者工具进行本地修改的,所以浏览器端的表单验证可以认为是不具备足够的安全性的,因此要在服务器端再次进行验证。而且在客户端进行一定的验证反馈,也可以提高用户的使用体验。

　　Web 项目的安全保障应当在业务后台(完全可控)中进行,并在前端页面(用户浏览器)尽可能地给出避免误操作的引导,减少可预计的无效访问,从而降低服务器被攻击的风险和减小服务器的运行压力。

4.4.5　表单验证的方法

　　下面讲解表单验证的方法。

1. placeholder 属性

　　placeholder 属性用于为 <input> 标签实现的输入框提供一种提示(hint)。这种提示可以描述输入框期待用户输入何种内容,当输入为空时显示,当在输入框中输入内容时消失。placeholder 属性适用于 text、search、url、email 和 password 等类型的 <input> 标签。

　　示例如下。

```
<!DOCTYPE html>
<html>
    <head lang="en">
        <meta charset="UTF-8">
        <title>placeholder</title>
    </head>
    <body>
        <form action="#" method="post">
            <p>
                请输入搜索的关键词:
                <input type="search" name="sousuo" placeholder=" 请输入要搜索的关键词 " />
                <input type="submit" value="Go" />
            </p>
        </form>
    </body>
</html>
```

效果如图 4-23 所示。

请输入搜索的关键词：请输入要搜索的关键词 Go

图 4-23 placeholder 属性的应用效果

2. required 属性

required 属性用于规定输入框填写内容不能为空，若为空，则不允许用户提交表单。该属性
适用于 text、search、url、email、password、number、checkbox、radio、file 等类型的 <input> 标签。
示例如下。

```
<!DOCTYPE html>
<html>
    <head lang="en">
        <meta charset="UTF-8">
        <title>required</title>
    </head>
    <body>
        <form action="#" method="post">
            <p>
                用户名：
                <input type="text" name="username" required />
                <input type="submit" value=" 提交 " />
            </p>
        </form>
    </body>
</html>
```

效果如图 4-24 所示。

3. pattern 属性

pattern 属性用于验证表单输入的内容，通常
情况下 email、tel、number 等类型的 <input> 标签
已经自带了简单的验证，加上 pattern 就会更加高
效。pattern 的属性值为正则表达式。注意，该属性在具有 novalidate 属性的 <form> 标签内不生效。
示例如下。

图 4-24 required 属性的应用

```
<body>
    <form action="" method="post">
        <p>
            <input type="text" name="username" placeholder=" 请输入用户名 " />
        </p>
        <p>
            <input type="password" name="password" placeholder=" 请输入密码 " autocomplete="off" />
        </p>
        <p>
            <input type="password" name="password" placeholder=" 请输入 pin 码 " pattern="[0-9]*" />
```

HTML5+CSS3 Web前端开发技术（任务式）（微课版）（第2版）

```
        </p>
        <p>
                <input type="tel" name="tel" placeholder=" 请输入手机号 "pattern="(13[0-9]|14[5|7]|15 [0|1|2|3|5|6|7
|8|9]|18[0|1|2|3|5|6|7|8|9])\d{8}$" />
        </p>
        <p>
                <input type="submit" id="" name="" />
        </p>
        </form>
</body>
```

效果如图 4-25 所示。

4. novalidate 属性

novalidate 属性用于规定提交表单时不进行验证。如果使用
该属性，则不会验证表单的输入。

示例如下。

图 4-25　pattern 属性的应用效果

```
<body>
        <form action="" method="post" novalidate="novalidate">
        <p>
                <input type="text" name="username" placeholder=" 请输入用户名 " />
        </p>
        <p>
                <input type="password" name="password" placeholder=" 请输入密码 " autocomplete="off" />
        </p>
        <p>
                电话号码：<input type="tel" name="tel" placeholder=" 请输入手机号 " pattern="(13[0-9]|14[5|7]|15
[0|1|2|3|5|6|7|8|9]|18[0|1|2|3|5|6|7|8|9])\d{8}$" />
        </p>
        <p>
                <input type="submit" id="" name="" />
        </p>
        </form>
</body>
```

效果如图 4-26 所示。

5. maxlength 属性和 wrap 属性

<textarea> 标签新增了 maxlength 属性和 wrap 属性。
maxlength 属性用于规定多行文本域的最大字符数。wrap
属性用于设定文本内容是否包含换行符。wrap 属性的默认
值为 soft，此时若提交表单，则多行文本域中的文本不换行。
如果 wrap 属性的值为 hard，则提交的文本会包含换行符（如
果有换行符）。

示例如下。

图 4-26　novalidate 属性的应用效果

```
<body>
```

```
<form action="" method="post" novalidate="novalidate">
    <p>
        <textarea name="text" id="" cols="5" rows="5" wrap="hard" maxlength="20"></textarea>
    </p>
    <p>
        <input type="submit" id="" name="" />
    </p>
</form>
</body>
```

效果如图 4-27 所示。

6. 简单的正则表达式验证

正则表达式是用于操作字符串的一种逻辑公式，就是将事先定义好的一些特定字符及这些特定字符的组合组成一个"规则字符串"。正则表达式广泛运用于 PHP、C#、Java、C++、Objective-C、Perl、Swift、VBScript、JavaScript、Ruby 及 Python 等编程语言，用以实现各种各样的复杂查询、比较、判断等字符串操作。在不同的编程语言中，正则表达式的语法略有不同，但是其本质上都是使用特殊符号表示一定匹配规则的字符串，用来进行内容比对。

```
asdfasd
fasdfas
dfasdf|
```

提交

图 4-27 maxlength 属性和 wrap 属性的应用效果

HTML5 标准中提供了一种不借助 JavaScript 进行表单验证的新方式：文本类输入框中的 pattern 属性中存放着开发者预先设定的内容格式的正则表达。用户输入的内容必须符合正则表达式所指的规则，否则就不能提交表单，并会在提交表单时得到错误信息的反馈。

正则表达式中部分字符的含义见表 4-7。

表4-7　正则表达式中部分字符的含义

类别	字符	作用
表示顺序	/	位于正则表达式两侧，用来包裹正则表达式，表示表达式的开始与结束
	^	位于正则表达式开始符号"/"之后并紧邻"/"，表示表达式的匹配规则要求从头开始匹配
	$	位于正则表达式结束符号"/"之前紧邻"/"，表示表达式的匹配规则要求持续到尾部
表示内容	普通字符	表示匹配自己本身
	\	转义字符。可以与普通字符配合代表一些特殊的值，如"\d""\s""\w"等；还可以让特殊的字符失去特殊作用变为普通字符，如"\\"表示普通字符"\"
	\d	等价于 [0-9]，表示 0、1、2、3、4、5、6、7、8、9 之中的任意一个数字
	\D	等价于 [^0-9]，表示非 0、1、2、3、4、5、6、7、8、9 的任意一个数字
	\w	等价于 [a-zA-Z0-9_]，表示 a～z，A～Z、0～9，以及下划线"_"字符
	\W	等价于 [^a-zA-Z0-9_]，表示除了 a～z，A～Z、0～9，以及下划线"_"字符以外的字符
	\s	匹配任何空白字符（空格、制表符、换页符等），等价于 [\f\n\r\t\v]
	\S	匹配除了空白字符（空格、制表符、换页符等）之外的字符，等价于 ^[\f\n\r\t\v]
	.	在正则表达式中用来表示除了"新行"，即换行符"\n""\r"之外的所有字符。常用组合方式".*"表示匹配任意多个除换行符以外的字符内容
	[]	簇，表示在范围中任选一个，起逻辑"或"的作用。[0,1,2] 等价于 [0-2]，表示与 0、1、2 中任意一个数字进行匹配

类别	字符	作用
表示内容	[^]	表示在范围以外任选一个。[^0-2] 等价于 [^0,1,2]，匹配除了 0、1、2 之外的任意一个字符
	|	指明两项之间的一个选择
	()	分组
表示数量	{}	放在匹配字符后表示数量词 a{0,1} 表示 0 个或 1 个 a，即匹配空或者 a abc{1,5} 表示匹配 abc、abcc、abccc、abcccc 或 abccccc a{0,1} 等价于 a?，表示匹配 0 个或 1 个 a a{1,} 等价于 a+，表示匹配 1 个及 1 个以上的 a a{0,} 等价于 a*，表示匹配任意多个 a
表示数量	*	数量修饰符（限定符），用来修饰左侧匹配内容的出现次数 a* 等价于 a{0,}，表示匹配 0 次、1 次或多次 默认匹配最多次
	+	数量修饰符（限定符），修饰左侧匹配内容出现次数为 1 次以上，即 1 次或多次 a+ 等价于 a{1,}，默认匹配最多次
	?	数量修饰符（限定符），修饰左侧匹配内容出现次数 0 次或 1 次 a? 等价于 a{0,1}

正则表达式中的符号有运算优先级别（从上至下，优先级由高到低）：

\

(), (?:), (?=), []

*, +, ?, {n}, {n, }, {n, m}, *?, +?, ??

^, $, \ 任何元字符、任何字符

|

关于正则表达式这里不做深入讲解，下面举几个例子，让读者对其有个初步的了解。

示例：/^[a-z0-9_-]{6,18}$/

分析如下。

两侧的"/"表示正则表达式的开始与结束。开始位置的"/"与"^"相邻构成了"/^"，表示正则表达式的匹配要求从目标内容的头部开始；结束位置的"/"与"$"相邻构成"$/"，表示正则表达式的匹配要持续到目标内容的最后。

后面的 [a-z0-9_-] 表示在英文小写字母、数字、"_"、"-"符号中匹配任意一个。加上前面相邻的"/^"，表示能够正确匹配的内容必须是以英文小写字母、数字、"_"、"-"中的一种作为开头。

继续向右看，{6,18} 用来修饰左侧匹配的内容的数量，表示左侧内容匹配 6 到 18 次，并默认匹配最多次。

最后与"$/"相邻，表示目标内容要以英文小写字母、数字、"_"、"-"符号中的一种作为结尾才能完整匹配。

所以，该正则表达式表示能匹配的是由英文小写字母、数字、"_"、"-"中任意字符组成，且长度为 6 至 18 位的字符串。

下面给出一些常用正则表达式作为参考，见表 4-8。

表4-8　常用正则表达式

作用	表达式
用户名 （由数字、小写字母、"_"、"-"组成，3到16位）	/^[a-z0-9_-]{3,16}$/
密码 （由数字、小写字母、"_"、"-"组成，6到18位）	/^[a-z0-9_-]{6,18}$/
邮政编码	[1-9]\d{5}
IP地址	/((2[0-4]\d|25[0-5]|[01]?\d\d?)\.){3}(2[0-4]\d|25[0-5]|[01]?\d\d?)/ /^(?:(?:25[0-5]|2[0-4][0-9]|[01]?[0-9][0-9]?)\.){3}(?:25[0-5]|2[0-4][0-9]|[01]?[0-9][0-9]?)$/ 或 ((2[0-4]\d|25[0-5]|[01]?\d\d?)\.){3}(2[0-4]\d|25[0-5]|[01]?\d\d?)
汉字（字符）	[\u4e00-\u9fa5]
时间（小时 : 分钟，24 小时制）	((1|0?)[0-9]|2[0-3]):([0-5][0-9])
电子邮箱	/^([a-z0-9_\.-]+)@([\da-z\.-]+)\.([a-z\.]{2,6})$/ /^[a-z\d]+(\.[a-z\d]+)*@([\da-z](-[\da-z])?)+(\.{1,2}[a-z]+)+$/ 或 \w+([-+.]\w+)*@\w+([-.]\w+)*\.\w+([-.]\w+)*

下面的示例代码为一个简单的手机号输入验证。

```html
<!DOCTYPE html>
<html>
    <head>
        <meta charset="UTF-8">
        <title>pattern</title>
    </head>
    <body>
        <form action="#" method="post">
            <p>
                电话号码：
                <input type="text" name="tel" required pattern="^1[358]\d{9}" /> * 以 13、15 或 18 开头的 11 位数字 <br />
                <input type="submit" value=" 提交 " />
            </p>
        </form>
    </body>
</html>
```

效果如图 4-28 所示。

图 4-28　手机号输入验证效果

HTML5 虽然提供了这些基础验证功能，但实际上在真实开发项目中并不会大量使用。原因在于不同浏览器对于验证的提示方式并不统一，基础验证功能过于简单不能满足实际需求，而且已有大量成熟稳定的 JavaScript 实现方法可供使用。所以对数据的验证，使用 JavaScript 仍是当前的最优方案。

4.5　任务实战

任务 1：制作信息登记页面

微课视频

制作信息
登记页面

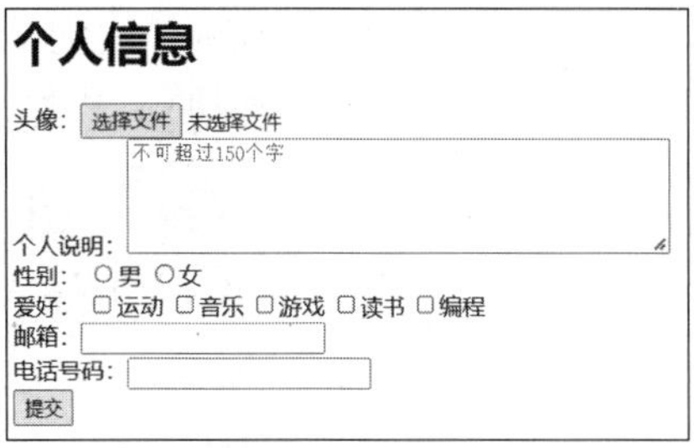

任务要求

（1）按照图 4-29 所示的效果完成信息登记页面的制作。

（2）"提交"按钮使用 <input> 标签完成。

（3）表单控件用 <label> 标签进行包裹。

（4）部分控件需要具备验证功能。

个人信息

头像： 选择文件 未选择文件

不可超过150个字

个人说明：

性别： ○男 ○女

爱好： □运动 □音乐 □游戏 □读书 □编程

邮箱：

电话号码：

提交

图 4-29　信息登记页面效果

任务实施

（1）使用 <form> 标签并设定 method 与 action 属性。

（2）添加各个表单控件。

参考代码

```
<!DOCTYPE html>
<html>
    <head>
        <meta charset="utf-8">
        <title></title>
    </head>
    <body>
        <form action="" method="post">
        <div>
            <h1> 个人信息 </h1>
        </div>
        <div>
            <label> 头像：<input type="file" name="pic"></label>
        </div>
        <div>
            <label> 个人说明：<textarea name="desc" rows="5" cols="50" maxlength="150" placeholder=" 不
可超过 150 个字 "></textarea></label>
        </div>
        <div>
            <label> 性别：</label>
            <label><input type="radio" name="sex" value="man"> 男 </label>
            <label><input type="radio" name="sex" value="woman"> 女 </label>
        </div>
        <div>
            <label> 爱好：</label>
            <label><input type="checkbox" name="likes" value="sport"> 运动 </label>
            <label><input type="checkbox" name="likes" value="music"> 音乐 </label>
```

```
            <label><input type="checkbox" name="likes" value="game"> 游戏 </label>
            <label><input type="checkbox" name="likes" value="read"> 读书 </label>
            <label><input type="checkbox" name="likes" value="code"> 编程 </label>
        </div>
        <div>
            <label> 邮箱: <input type="email" name="email"/></label>
        </div>
        <div>
            <label> 电话号码: <input type="tel" name="tel"/></label>
        </div>
        <div>
            <input type="submit" value=" 提交 " />
        </div>
    </form>
    </body>
</html>
```

HTML5+CSS3 Web前端开发技术（任务式）（微课版）（第2版）

任务 2：制作用户登录页面

任务要求

（1）按照图 4-30 所示的效果完成用户登录页面的制作。

（2）"登录"按钮使用 <input> 标签完成。

（3）对文本输入框、密码输入框和表单控件使用 <label> 标签进行包裹。

（4）使用图片制作"登录"按钮。

微课视频

制作用户登录页面

图 4-30　用户登录页面效果

任务实施

（1）在项目的根目录中创建 login.html 文件。

（2）使用 <form> 标签并设定 action 与 method 属性。

（3）添加"账户"文本输入框。

（4）添加"密码"密码输入框。

（5）添加"登录"按钮。

参考代码

```
<!DOCTYPE html>
<html>
    <head>
        <meta charset="UTF-8">
        <title> 登录 </title>
    </head>
    <body>
        <form action="" method="post">
```

```
            <div>
                <h1> 登录 </h1>
            </div>
            <div>
                <label for="username"> 账户: </label>
                <input type="text" name="username" id="username" placeholder=" 使用手机号作为账户 " required
pattern="^1[3456789]\d{9}$" />
            </div>
            <div>
                <label for="password"> 密码: </label>
                <input type="password" name="password" id="password" placeholder=" 由 6 ～ 18 位字母和
数字组成 " required pattern="^[a-zA-Z0-9]{6,18}$" />
            </div>
            <div>
                <a href="reg.html"> 没有账户，前往注册页面 </a>
            </div>
            <div>
                <input type="image" src="./src/images/login.gif" />
            </div>
        </form>
    </body>
</html>
```

任务 3：制作用户注册页面

任务要求

（1）按照图 4-31 所示的效果完成用户注册页面的制作。

（2）"注册"按钮使用 <input> 标签完成。

（3）对文本输入框、密码输入框和表单控件使用 <label> 标签进行包裹。

制作用户注册页面

图 4-31 用户注册页面效果

（4）对应文本输入框中添加对应文本预占位提示内容。

（5）添加验证条件，"注册账户""注册密码""确认密码"为必填。

（6）添加验证条件，"注册账户"文本输入框验证输入内容是否为手机号格式，正则表达式为 ^1[3456789]\d{9}$。

（7）添加验证条件，"注册密码"密码输入框、"确认密码"密码输入框验证输入内容是否为密码格式，正则表达式为 ^[a-zA-Z0-9]{6,18}$。

任务实施

（1）在项目的根目录中创建 reg.html 文件。

（2）使用 <form> 标签并设定 action 与 method 属性，action 为空，method 的值为 "post"。

（3）添加"注册账户"文本输入框。

（4）添加"注册密码"密码输入框。

（5）添加"确认密码"密码输入框。

（6）添加"注册"按钮。

（7）添加对应输入框的 required 与 pattern 属性。

参考代码

```
<!DOCTYPE html>
<html>
    <head>
        <meta charset="utf-8">
        <title></title>
    </head>
    <body>
        <form action="" method="post">
            <div>
                <h1> 注册 </h1>
            </div>
            <div>
                <label for="username"> 注册账户: </label>
                <input type="text" name="username" id="username" placeholder=" 使用手机号作为账户 " re-
quired pattern="^1[3456789]\d{9}$"/>
            </div>
            <div>
                <label for="password1"> 注册密码: </label>
                <input type="password" name="password1" id="^1[3456789]\d{9}$" placeholder=" 由 6 ～ 18
位字母和数字组成 " required pattern="^[a-zA-Z0-9]{6,18}$">
            </div>
            <div>
                <label for="password2"> 确认密码: </label>
                <input type="password" name="password2" id="password2" placeholder=" 由 6 ～ 18 位字母
和数字组成 " required pattern="^[a-zA-Z0-9]{6,18}$">
            </div>
            <div>
                <a href="#"> 已有账户，前往登录页面 </a>
            </div>
            <div>
                <input type="submit" value=" 注册 ">
            </div>
        </form>
    </body>
</html>
```

4.6　任务小结

本任务主要讲解了表单的构成及如何创建表单，并介绍了表单控件的语法和使用方法，介绍了表单的验证方法，完成了新云课堂项目信息登记页面、登录页面和注册页面的制作。

通过对本任务的学习，读者应该了解表单的创建方法和常用表单控件及其相关属性，并能够进行表单的验证，为后面的学习打下基础。

4.7　知识巩固

（1）（多选）下列选项中，属于表单标签属性的有（　　）。

    A. action   B. method   C. name   D. class

（2）（多选）下列选项中，属于 input 控件的有（　　）。

    A. 单行文本输入框   B. 单选按钮   C. 复选框   D. 提交按钮

（3）（多选）下列选项中，属于表单的构成的有（　　）。

    A. 表单控件   B. 视频信息   C. 提示信息   D. 表单域

（4）（多选）下列选项中，关于表单描述正确的有（　　）。

    A. 表单标签是 <form></form>

    B. 表单可以实现用户信息的收集和传递

    C. 表单中的所有内容都会被提交给服务器

    D. 表单中的控件可以自定义

（5）表单中的文本输入框和密码输入框在定义方法和实现效果上有什么区别？

4.8　任务拓展

制作新店注册页面，效果如图 4-32 所示。

图 4-32　任务拓展效果

任务要求

（1）按照图 4-32 所示的效果完成注册页面的制作。

（2）"立即注册"按钮使用 <input> 标签完成。

（3）对文本输入框、密码输入框等表单控件使用 <label> 标签进行包裹。

（4）图片宽、高由素材原始大小决定。

任务实施

（1）使用 <form> 标签并设定 method 与 action 属性。

（2）添加文本输入框。

（3）添加密码输入框。

（4）添加"立即注册"按钮。

参考代码

```
<!DOCTYPE html>
<html>
```

```
<head>
    <meta charset="UTF-8">
    <title>pattern</title>
</head>
<body>
    <h3> 注册账号 </h3>
    <form method="get" action="#" id="fm">
        <p>
            <label for="nick"> 昵称 </label>
            <input type="text" name="nick" id="nick" required pattern="[-\w\u4E00-\u9FA5]{4,10}">
            <span> 长度为 4 ～ 10 个字符 </span>
        </p>
        <p>
            <label for="psw"> 密码 </label>
            <input type="password" name="psw" id="psw" required pattern="[\dA-Za-z]{6,16}" />
            <span> 长度为 6 ～ 16 个字符 </span>
        </p>
        <p>
            <label for="psw1"> 确认密码 </label>
            <input type="password" name="psw1" id="psw1" required pattern="[\dA-Za-z]{6,16}" />
            <span> 长度为 6 ～ 16 个字符 </span>
        </p>
        <p>
            <label for="tel"> 手机号码 </label>
            <input type="tel" name="tel" id="tel" required pattern="1[3578]\d{9}" />
            <span> 长度为 11 位，以 13、15、17 或 18 开头 </span>
        </p>
        <p>
            <label for="mail"> 邮箱 </label>
            <input type="email" name="mail" id="mail" required />
        </p>
        <p>
            <label for="age"> 年龄 </label>
            <input type="text" name="age" id="age" required pattern="\d|[1-9]\d|1[0-2]\d" />
        </p>
        <p>
            <input type="image" src="reg_btn.png" />
        </p>
    </form>
</body>
</html>
```

任务

在项目中引入CSS

05

5.1 任务概述

如果想开发一个色彩丰富且布局美观的网站，则需要使用 Web 前端开发核心技术——CSS。前面几个任务介绍了 HTML 页面内容框架的开发，但使用 HTML 仅能开发出以内容为主、有少量文本样式效果的页面，不能满足现在的产品设计需求，而页面中华丽的、个性的、炫酷的效果，需要借助 CSS 来实现。

前面已经完成"新云课堂"项目的部分内容，但仅有 HTML5 默认的显示效果还不足以吸引用户。从本任务开始，将介绍如何通过 CSS 的引入来美化项目。

5.2 任务目标

素质目标

（1）培养学生的红色精神。

（2）提升学生的思想道德素质并培养学生的社会主义核心价值观。

知识目标

（1）掌握 CSS3 的外部样式、内部样式与行内样式。

（2）掌握 CSS3 的语法规则。

（3）掌握 CSS3 的基础选择器、层次选择器、结构伪类选择器、属性选择器。

技能目标

（1）掌握使用 CSS 对文本内容进行美化的方法。

（2）掌握使用基础选择器进行页面元素选择和查找的方法。

（3）掌握使用高级选择器进行页面元素选择和查找的方法。

5.3 知识图谱

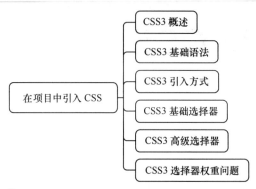

在项目中引入 CSS
- CSS3 概述
- CSS3 基础语法
- CSS3 引入方式
- CSS3 基础选择器
- CSS3 高级选择器
- CSS3 选择器权重问题

5.4 任务准备

5.4.1 CSS3 概述

随着 HTML 的发展，页面设计者的需求也不断提升，为了满足这些需求，HTML 添加了很多显示功能。但是这些功能的增加使 HTML 变得越来越杂乱，而且 HTML 页面也越来越臃肿，为了解决这些问题，CSS 应运而生。

CSS 的英文全称是 Cascading Style Sheets，中文名称为串联样式表。这里的"串联"的含义为，可以对同一元素做多次的表现样式的设定，这些样式之间存在一定的权重或等级逻辑关系，权重或等级最高的会对最终的表现样式进行重写渲染。CSS 主要负责网页的表现样式，包括页面风格、字体样式、排列方式、排版布局和少部分简单的动画与切换效果。CSS 的发展历程见表 5-1。

微课视频

在项目中引入 CSS

动画

CSS

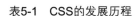

表5-1 CSS的发展历程

版本	介绍
CSS1.0	1996 年 12 月发布。该版本主要提供与文字、颜色、位置和文本属性等相关的基本功能
CSS2.0	1998 年 5 月发布。该版本提供了更强大的 XML 与 HTML 文本格式化等功能，是 CSS 被广泛使用的起点
CSS2.1	虽然有了一定标准规范初态的 CSS2.0，但是不同浏览器厂商对其的支持程度还是有较大差距，并且存在各式各样的漏洞，尤其在跨平台，跨系统的环境下，极难使页面的展示效果统一。所以 W3C 于 2004 年发布 CSS2.1，对 CSS2.0 进行部分错误的修订和属性的删除，到 2006 年底得到完善
CSS3.0	2015 年 12 月发布。该版本主要包括盒子模型、列表模块、超链接方式、语言模块、背景和边框、文字特效、多栏布局等。 CSS3.0 将标准模块化，使标准变化以模块为基础单位，为日后 CSS 的扩展奠定了基础。另外，设备或者厂商可以有选择地支持一部分模块，支持 CSS3 的一个子集，这样有利于 CSS3 的推广

CSS 并不是唯一的统一样式表，在 CSS 发布之前就有过一些统一样式表语言的建议，但 CSS 是第一个含有"串联"含义和功能的样式表语言。在 CSS 中，一个文件的样式可以从其他的样式表中继承。例如，读者在有些地方可以使用自己更喜欢的样式，在其他地方则继承或"串联"书中的样式。这种"串联"的方式使作者和读者都可以灵活地加入自己的设计，从而混合每个人的爱好和风格。

5.4.2　CSS3 基础语法

CSS 由选择器和样式表两部分组成，其中使用成对的"/*"与"*/"符号作为注释符。语法格式如下。

选择器 {	样式属性 2: 样式值 2;
/* 这里是注释说明 */	……
样式属性 1: 样式值 1;	}

图 5-1 所示为 CSS 代码示例。

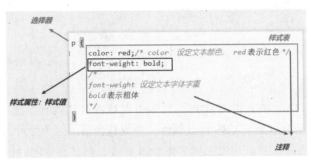

图 5-1　CSS 代码示例

大括号外为选择器部分，用来决定相邻的样式表对页面中的哪些 HTML 元素内容产生效果。

大括号内为样式表部分，由至少一组样式属性键值对组成，键名与键值使用冒号隔开。每条样式属性的结尾使用分号结束。样式属性就是用来设定表现方式的。

大括号用来包裹样式属性，被包裹的样式属性则用来修饰该大括号开始部分紧邻的选择器所对应的全部 HTML 元素内容。大括号的开始部分紧邻对应选择器的右侧并在后面跟随换行，对应的样式属性使用两个或 4 个空格符作为缩进。每行只写一个样式属性键值对。在大括号的结尾部分新起一行，与选择器垂直缩进对齐。

动画

选择器

动画

CSS 属性

▶ 经验分享

（1）通常一个选择器所对应的最后一组样式属性后的分号省略。分号是用来分隔样式属性的，而在最后的样式属性之后并不存在其他样式属性，故可以省略。这已经是一种不成文的书写规范。

（2）CSS 不区分大小写，在实际编写中推荐属性名与属性值全部使用小写。如果 HTML 属性是大写，则相关选择器内容应和相关属性保持相同的书写方式。

（3）对于大括号的写法，有时也会将开始部分单独另起一行与选择器和结束部分靠左对齐。推荐按照图 5-1 所示的方式进行书写。

5.4.3　CSS3 引入方式

下面介绍 CSS3 的引入方式。

1. CSS 的常见引入方式

CSS 样式是如何与 HTML 配合进行页面实现的？下面介绍内部样式、行内样式、外部样式 3

种引入 CSS 样式的方式。这 3 种引入方式都可以实现图 5-2 所示的页面效果。

内部样式：通过位于 HTML 的 <head> 标签中的 <style> 标签引入 CSS 样式。<style> 标签为双标记标签，在标签内容部分按照 CSS 语法书写本页面内生

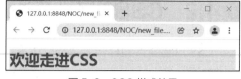

图 5-2　CSS 样式效果

效的样式内容，通过 type 属性告知浏览器内容格式，HTML5 标准推荐省略 type 属性。

```
<!DOCTYPE html>
<html>
    <head>
        <meta charset="utf-8" />
        <title></title>
        <style>
            h1{
                color: red;
                background-color: #eee;
            }
        </style>
    </head>
    <body>
        <h1> 欢迎走进 CSS</h1>
    </body>
</html>
```

行内样式：通过 HTML 的元素的 style 属性来引入 CSS 样式内容。这里需要注意的是，作为元素的 style 属性的值的内容只有 CSS 样式属性，并无选择器，因为此种方式的写法只能给 style 属性所在的元素添加 CSS 样式。可以添加多条 CSS 样式，但是必须同时作为 style 属性的值，每条 CSS 样式之间用分号分隔，末尾的分号可以省略。

```
<!DOCTYPE html>
<html>
    <head>
        <meta charset="utf-8" />
        <title></title>
    </head>
    <body>
        <h1 style="color: red; background-color: #eee;"> 欢迎走进 CSS</h1>
    </body>
</html>
```

外部样式：通过位于 HTML 的 <head> 标签中的 <link> 标签来引入外部 CSS 样式文件。通过 href 属性来设定要引入的 .css 文件所在的路径，通过 type 属性告知浏览器文件格式，通过 rel 属性告知浏览器引入文件与网页的关系。其中 rel 属性不可省略，type 属性推荐省略。

引入的 .css 文件内容如下。

```
h1{
    color: red;
    background-color: #eee;
}
```

index.html 文件的内容如下。

```
<!DOCTYPE html>
<html>
    <head>
        <meta charset="utf-8" />
        <title></title>
        <link rel="stylesheet" type="text/css" href="css.css">
    </head>
    <body>
        <h1> 欢迎走进 CSS</h1>
```

HTML5+CSS3 Web前端开发技术（任务式）（微课版）（第2版）

```
    </body>
</html>
```

通过以上 3 种引入方式引入 CSS 样式都可以实现页面的正确渲染。

📄 **经验分享**

基于 \<link\> 标签的外部样式引入方式是 CSS 的推荐引入方式。还有另外一种基于 CSS 语法的引入方式，如下所示。

```
<!DOCTYPE html>                                              @import url(css.css)
<html>                                                       </style>
    <head>                                               </head>
        <meta charset="utf-8">                           <body>
        <title> 内部样式 </title>                            <h1>Hello CSS</h1>
        <!-- 另一种外部样式的实现，但是不推荐 -->                  </body>
        <style>                                          </html>
```

这是使用了 CSS 语法中的文件引入规则，以内部样式的方式运行样式中的文件引用操作来实现类似外部样式的操作。但是它与外部样式的区别非常明显。

（1）\<link\> 是 HTML 提供的标签，不仅可以加载 .css 文件，还可以定义 RSS（Really Simple Syndication，简易信息整合）、rel 属性等；@import 是 CSS 提供的语法规则，只有引入样式表的作用。

（2）由 \<link\> 标签引入的 CSS 在加载页面的同时加载，而由 @import 引入的 CSS 将在页面加载完毕后进行加载。

（3）@import 是 CSS2.1 才有的语法，部分浏览器不能识别；而 \<link\> 是 HTML 标签，不存在兼容性问题。

（4）通过 JavaScript 操作 DOM（Document Object Model，文档对象模型），要插入 \<link\> 标签来改变样式；DOM 方法是基于文档的，无法使用 @import 方式引入样式。

（5）由 @import 引入的样式会被覆盖掉。其虽然后被加载，在加载完毕后置于样式表顶部，但最终渲染时会被下面的同名样式覆盖。

综上所述，推荐使用 \<link\> 标签方式引入外部样式表文件。如今，@import 方式大多应用于一些 CSS 解析引擎，用来表示文件引用关系，并不会直接在页面中使用。

2. CSS 的 3 种引入方式的优先级

在编写页面时，应该用哪种方式进行样式的引入呢？实际上页面元素最终的样式为多个样式的叠加效果。但这存在一个问题——当同时应用上述的 3 种引入方式时，页面元素将同时继承这些样式，但样式之间如有冲突，应继承哪种样式？这就需要考虑样式优先级。

在下面的案例中，使用 3 种样式引入方式来对内容的 \<h1\> 标签设定不同的颜色样式，然后在外部样式表和内部样式表中对 \<h4\> 标签设定不同的字体颜色，代码如下。

```
<!DOCTYPE html>                                              <link rel="stylesheet" href="./style.css" />
<html>                                                       <!-- 内部样式 -->
    <head>                                                   <style>
        <meta charset="UTF-8">                                   h1 {
        <title> 样式引入优先级问题 </title>                              color: green;
        <!-- 外部样式 -->                                             }
```

81

```
        h4 {                                    <!-- 行内样式 -->
            color: green;                       <h1 style="color: orange"> 北京欢迎你 </h1>
        }                                       <h4> 歌手：刘欢 </h4>
    </style>                                 </body>
</head>                                  </html>
<body>
```

HTML 中通过外部样式引入方式引入的 style.css 文件的内容如下。

```
h1 {                                    h4 {
    color: red;                             color: red;
}                                       }
```

页面的显示效果是：h1 文本的最终颜色是橙色，行内样式最终生效；h4 文本的颜色是绿色，内部样式最终生效，如图 5-3 所示。

图 5-3　样式优先级效果 1

接下来将内部样式与外部样式的位置进行对调，代码如下。

```
<!DOCTYPE html>                                  }
<html>                                       </style>
    <head>                                   <!-- 外部样式 -->
        <meta charset="UTF-8">               <link rel="stylesheet" href="./style.css" />
        <title> 样式引入优先级问题 </title>    </head>
        <!-- 内部样式 -->                      <body>
        <style>                                  <!-- 行内样式 -->
            h1 {                                 <h1 style="color: orange"> 北京欢迎你 </h1>
                color: green;                    <h4> 歌手：刘欢 </h4>
            }                                 </body>
            h4 {                          </html>
                color: green;
```

运行效果如图 5-4 所示。h1 文本的颜色仍然是橙色，行内样式最终生效；h4 文本的颜色为红色，外部样式最终生效。

你是否能看出其中的规律呢？

调整内部、外部样式都不影响 h1 文本的颜色，可以看出行内样式的优先级最高。调整内部、外部样式顺序，h4 文本的颜色会受到影响，该元素没有行内样式，只受到内部、

图 5-4　样式优先级效果 2

外部样式引入位置的先后影响，其实质是外部样式引入相当于将外部文件复制到引入的 <link> 标签位置，从而变为一个内部样式，而对 <h4> 标签使用了相同的选择器方式设定样式，则后设定的样式覆盖之前的样式。3 种引入方式优先级如下：行内样式 > 内部样式 > 外部样式。

需要注意的是，这里的优先级仅仅表示在选择器相同而引入方式不同的情况下，因引入方式不同而带来的权重优先级区别，实际应用中影响样式优先级的还有选择器权重，最终结果由两者共同决定。接下来将讨论综合情况下的优先级权重问题。

为了便于记忆基础选择器优先级的特点，笔者总结了一个简单的判断方法——"就近原则"。"就近原则"是指如果同一个选择器中样式声明冲突，则距离被修饰元素最近的样式会最终生效。

5.4.4　CSS3 基础选择器

本部分使用以下代码内容作为 HTML 基础文件，使用内部样式引入方式进行 CSS 样式的引入。

```
<!DOCTYPE html>
<html>
    <head>
        <meta charset="UTF-8" >
        <title> 样式引入优先级问题 </title>
        <style>
            /* 通过选择器进行样式设定 */
        </style>
    </head>
    <body>
        <h1>北京欢迎你 </h1>
        <div>
            <hr>
            <p> 男: </p>
            <ol>
                <li> 迎接另一个晨曦，带来全新空气 </li>
                <li> 气息改变情味不变，茶香飘满情谊 </li>
                <li> 我家大门常打开，开放怀抱等你 </li>
                <li> 拥抱过就有了默契，你会爱上这里 </li>
                <li> 不管远近都是客人请不用客气 </li>
            </ol>
            <p> 女: </p>
            <ol>
                <li> 相约好了在一起，我们欢迎你 </li>
                <li> 我家种着万年青，开放每段传奇 </li>
                <li> 为传统的土壤播种，为你留下回忆 </li>
                <li> 陌生熟悉都是客人请不用拘礼 </li>
                <li> 第几次来没关系，有太多话题 </li>
            </ol>
            <p> 合: </p>
            <ul>
                <li> 北京欢迎你，有梦想谁都了不起 </li>
                <li> 有勇气就会有奇迹 </li>
            </ul>
        </div>
    </body>
</html>
```

未引入样式时的效果如图 5-5 所示。

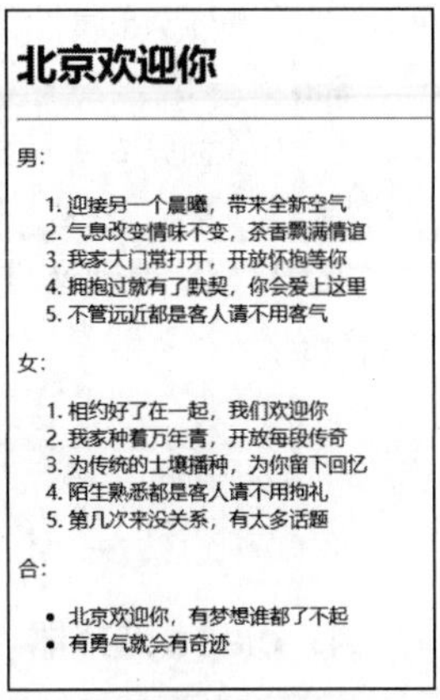

图 5-5　HTML 基础文件效果

1. 元素选择器

元素选择器也叫标签选择器，每个 HTML 标签的名称都可以作为相应的元素选择器的名称。该选择器会匹配页面中所有该类型的元素。元素选择器的语法如下。

```
标签名{
    样式内容……
}
```

2. 通配符选择器

在 HTML 基础文件的 <style> 标签中填入以下内容，会对页面所有 <p> 标签的元素内容文字进行加粗处理。

```
p{
    font-weight: bold;
}
```

通配符选择器是一个特殊的元素选择器，表示匹配任意的元素。"*"在通配符中表示任意字符，通配符选择器以"*"表示匹配任意名称的标签。

```
*{
    内容样式……
}
```

在 HTML 基础文件的 <style> 标签中追加以下内容，会指定所有标签中的文字颜色为灰色。

```
*{
    color: brown;
}
```

📄 **经验分享**

当页面 DOM 结构中元素很多时，尽可能不使用通配符选择器，因为它会影响所有的元素，导致执行效率低。

3. id 选择器

id 选择器通过与 HTML 元素中的 id 属性值进行匹配，指定对应的样式进行渲染。id 选择器使用"#"配合 id 属性值来表示。在同一个页面中，id 属性值不能重复。

```
#id{
    样式内容……
}
```

在 HTML 基础文件的 <style> 标签中填入以下内容，会使得 id 属性值为 title 的元素的文字颜色为红色。

```
#title{
    color:red;
}
```

4. class 选择器

class 选择器通过与 HTML 元素中的 class 属性值进行匹配，指定对应的样式进行渲染。class

选择器使用"."配合 class 属性值来表示。在同一个页面中，class 的属性值可以重复。

```
. 对应 class 属性值 {
    样式内容……
}
```

在 HTML 基础文件的 <style> 标签中填入以下内容，会使得 class 属性值为 man、woman、all 的元素的文字颜色分别为蓝色、红色、绿色。

```
.man{
    color: blue;
}
.woman{
    color: red;
}
.all{
    color: green;
}
```

在 HTML 基础文件的 <style> 标签中填入以上全部内容之后，CSS 美化文字效果如图 5-6 所示。

以上就是 CSS 基础选择器，将其中的通配符选择器看作标签选择器的一个特例，则基础选择器是由 id 选择器、class 选择器与标签选择器构成的。这 3 种选择器所对应的优先级权重又是怎样的？基础选择器优先级遵循 id 选择器 >class 选择器 > 标签选择器的顺序。本任务的最后将详细说明权重问题。

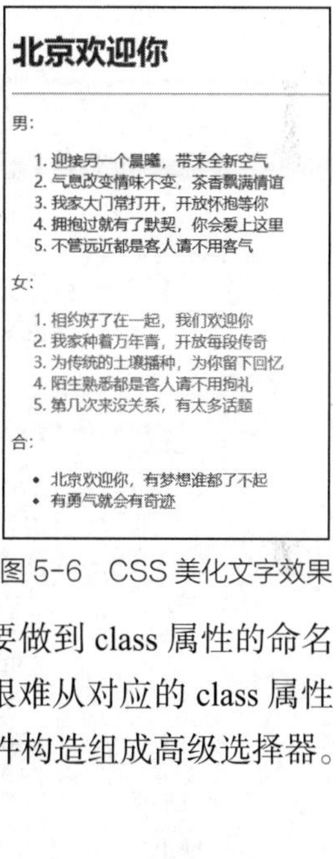

5.4.5 CSS3 高级选择器

选择器是 CSS 中一个重要的内容，一般大型网站中的样式表可能达到成百上千行，如果只是用基础选择器，样式之间只有一一对应关系，当需要对样式表进行修改的时候，工作量极大。单单是添加一条样式，要做到 class 属性的命名不冲突都是件非常困难的事情。当样式与样式之间有了一定的关联时，很难从对应的 class 属性中得到结构化的逻辑关系。所以，需要将基础选择器按照一定的关系和条件构造组成高级选择器。

图 5-6 CSS 美化文字效果

1. 层次选择器

层次选择器通过描述基础选择器之间的层次关联关系来确定要匹配的元素。其主要的层次关系包括后代、父子、相邻兄弟和通用兄弟等，通过这些关系就可以快速选定需要的元素。层次选择器是一种非常好用的选择器，其分类见表 5-2。

表5-2 层次选择器

分类	语法公式	功能解释
后代选择器	E F	选择匹配的 F 元素，且匹配的 F 元素被包含在匹配的 E 元素内
子选择器	E>F	选择匹配的 F 元素，且匹配的 F 元素是匹配的 E 元素的子元素
相邻兄弟选择器（CSS3 新增）	E+F	选择匹配的 F 元素，且匹配的 F 元素紧靠在匹配的 E 元素后面
通用兄弟选择器（CSS3 新增）	E ~ F	选择匹配的 F 元素，且匹配的 F 元素是位于匹配的 E 元素后的同级元素

前面的 HTML 基础文件的 DOM 结构如图 5-7 所示。

使用层次选择器来进行样式修饰，示例代码如下。

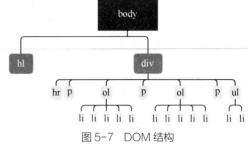

图 5-7　DOM 结构

```html
<!DOCTYPE html>
<html>
    <head>
        <meta charset="UTF-8">
        <title> 样式引入优先级问题 </title>
        <style>
            /* 通过选择器进行样式设定 */
            /* 后代选择器 */
            /* 满足条件的元素字体大小为 16px */
            div li {
                font-size: 16px;
            }
            /* 子选择器 */
            /* 满足条件的元素文字颜色为红色 */
            ul>li {
                color: red;
            }
            /* 相邻兄弟选择器 */
            /* 满足条件的元素字体为斜体 */
            hr+p {
                font-style: italic;
            }
            /* 通用兄弟选择器 */
            /* 满足条件的元素文字颜色为蓝色 */
            hr ~ p {
                color: blue;
            }
        </style>
    </head>
    <body>
        <h1>北京欢迎你 </h1>
        <div>
            <hr>
            <p> 男: </p>
            <ol>
                <li class="man"> 迎接另一个晨曦，带来全新空气 </li>
                <li class="man"> 气息改变情味不变，茶香飘满情谊 </li>
                <li class="man"> 我家大门常打开，开放怀抱等你 </li>
                <li class="man"> 拥抱过就有了默契，你会爱上这里 </li>
                <li class="man"> 不管远近都是客人请不用客气 </li>
            </ol>
```

```
            <p> 女：</p>
            <ol>
                    <li class="woman"> 相约好了在一起，我们欢迎你 </li>
                    <li class="woman"> 我家种着万年青，开放每段传奇 </li>
                    <li class="woman"> 为传统的土壤播种，为你留下回忆 </li>
                    <li class="woman"> 陌生熟悉都是客人请不用拘礼 </li>
                    <li class="woman"> 第几次来没关系，有太多话题 </li>
            </ol>
            <p> 合：</p>
            <ul>
                    <li class="all"> 北京欢迎你，有梦想谁都了不起 </li>
                    <li class="all"> 有勇气就会有奇迹 </li>
            </ul>
        </div>
    </body>
</html>
```

效果如图 5-8 所示。

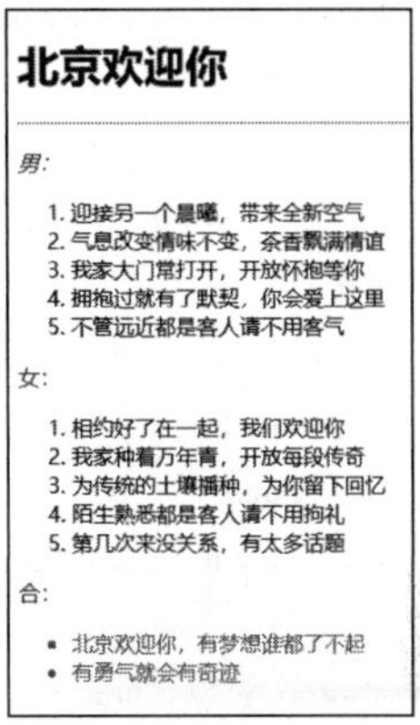

2. 结构伪类选择器

常用结构伪类选择器见表 5-3。这些结构伪类选择器是 CSS3 新增的。

图 5-8 层次选择器的应用效果

表5-3 常用结构伪类选择器

选择器	语法公式	功能解释
第一子元素	E:first-child	作为父元素的第一个子元素的元素 E
最后子元素	E:last-child	作为父元素的最后一个子元素的元素 E
第 n 子元素	E:nth-child(n)	选择 E 元素且 E 元素是其父元素的第 n 个子元素（n 可以是 1、2、3）
倒数第 n 子元素	E:nth-last-child(n)	选择 E 元素且 E 元素是其父元素的倒数第 n 个子元素（n 可以是 1、2、3）
第一指定类型子元素	E:first-of-type	选择 E 元素且 E 元素是其父元素的第一个指定类型的 E 元素
最后指定类型子元素	E:last-of-type	选择 E 元素且 E 元素是其父元素的最后一个指定类型的 E 元素
第 n 指定类型子元素	E:nth-of-type(n)	选择 E 元素且 E 元素是其父元素的第 n 个指定类型的 E 元素（n 可以是 1、2、3）
倒数第 n 指定类型子元素	E:nth-last-of-type(n)	选择 E 元素且 E 元素是其父元素的倒数第 n 个指定类型的 E 元素（n 可以是 1、2、3）

所有的结构伪类选择器依据 DOM 结构以父子元素关系中的次序作为限定识别的关键。

第 n 子元素与第 n 指定类型子元素之间的区别在于对子元素的限定上。前者不限定子元素类型；后者子元素类型为指定类型，且查询的顺序号根据指定子元素类型进行统计计算。

示例如下。

```
<!DOCTYPE html>
<html>
    <head>
        <meta charset="UTF-8">
        <title> 样式引入优先级问题 </title>
        <style>
```

```
        /* 通过选择器进行样式设定 */
        /* 第 n 个子元素 */
        p:nth-child(2) {
            color: red;
            font-size: 20px;
            font-style: italic;
        }

        /* 第 n 个指定类型子元素 */
        p:nth-of-type(2) {
            color: blue;
            font-size: 10px;
            font-weight: bold;
        }
    </style>
</head>
<body>
    <h1>北京欢迎你 </h1>
    <div>
        <hr>
        <p> 男: </p>
        <ol>
            <li class="man"> 迎接另一个晨曦, 带来全新空气 </li>
            <li class="man"> 气息改变情味不变, 茶香飘满情谊 </li>
            <li class="man"> 我家大门常打开, 开放怀抱等你 </li>
            <li class="man"> 拥抱过就有了默契, 你会爱上这里 </li>
            <li class="man"> 不管远近都是客人请不用客气 </li>
        </ol>
        <p> 女: </p>
        <ol>
            <li class="woman"> 相约好了在一起, 我们欢迎你 </li>
            <li class="woman"> 我家种着万年青, 开放每段传奇 </li>
            <li class="woman"> 为传统的土壤播种, 为你留下回忆 </li>
            <li class="woman"> 陌生熟悉都是客人请不用拘礼 </li>
            <li class="woman"> 第几次来没关系, 有太多话题 </li>
        </ol>
        <p> 合: </p>
        <ul>
            <li class="all"> 北京欢迎你, 有梦想谁都了不起 </li>
            <li class="all"> 有勇气就会有奇迹 </li>
        </ul>
    </div>
</body>
</html>
```

效果如图 5-9 所示。

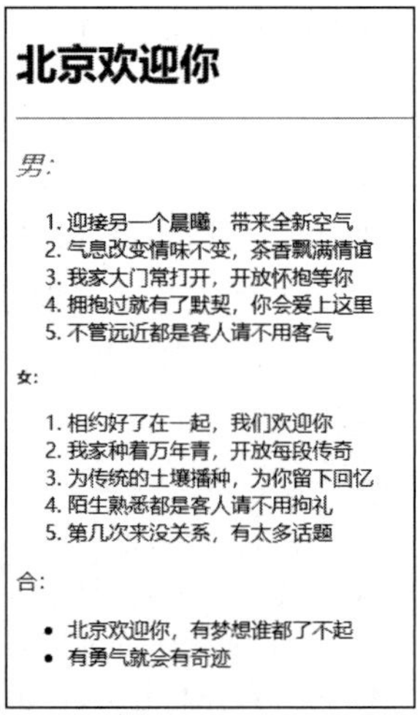

图 5-9　结构伪类选择器的应用

除了以上常用的结构伪类选择器，CSS3 还新增了一些特殊情况下会用到的结构伪类选择器，见表 5-4。

表5-4　特殊情况下会用到的结构伪类选择器

选择器	语法公式	功能解释
文档根选择器	:root	选中页面的 html 元素
唯一子元素	E:only-child	作为父元素的唯一一个子元素的元素 E
唯一指定子元素	E:only-of-type	作为父元素的唯一一个指定类型的子元素的元素 E
空元素选择器	E:empty	选择没有子元素的元素（包括文本内容）

3. 属性选择器

属性选择器通过与元素的属性相关联来限定匹配元素内容，见表 5-5。前面介绍的 class 选择器和 id 选择器实质上就是属性选择器的特例。

表5-5　属性选择器

选择器语法公式	功能解释
E[attr]	选择匹配具有属性 attr 的 E 元素
E[attr=val]	选择匹配具有属性 attr 的 E 元素，并且属性值为 val（val 区分大小写）
E[attr^=val]	选择匹配元素 E，且 E 元素定义了属性 attr，其属性值是以 val 开头的任意字符串
E[attr$=val]	选择匹配元素 E，且 E 元素定义了属性 attr，其属性值是以 val 结尾的任意字符串
E[attr*=val]	选择匹配元素 E，且 E 元素定义了属性 attr，其属性值包含 val，换句话说，字符串 val 与属性值中的任意位置相匹配

示例如下。

```
<!DOCTYPE html>
<html>
    <head>
        <meta charset="UTF-8">
        <title> 样式引入优先级问题 </title>
        <style>
            /* 通过选择器进行样式设定 */
            li[mydata] {
                background-color: yellow;
            }

            li[mydata="2"] {
            color: blue;
            }

            li[mydata^="3"] {
                font-weight: bold;
            }

            li[mydata$="3"] {
                font-size: 30px;
            }
```

```
        li[mydata*="3"] {
            color: red;
        }
    </style>
</head>
<body>
    <h1>北京欢迎你 </h1>
    <div>
        <hr>
        <p>男： </p>
        <ol>
            <li class="man" mydata> 迎接另一个晨曦，带来全新空气 </li>
            <li class="man" mydata="2"> 气息改变情味不变，茶香飘满情谊 </li>
            <li class="man" mydata="3"> 我家大门常打开，开放怀抱等你 </li>
            <li class="man" mydata="4"> 拥抱过就有了默契，你会爱上这里 </li>
            <li class="man" mydata="3"> 不管远近都是客人请不用客气 </li>
        </ol>
        <p>女： </p>
        <ol>
            <li class="woman"> 相约好了在一起，我们欢迎你 </li>
            <li class="woman"> 我家种着万年青，开放每段传奇 </li>
            <li class="woman"> 为传统的土壤播种，为你留下回忆 </li>
            <li class="woman"> 陌生熟悉都是客人请不用拘礼 </li>
            <li class="woman"> 第几次来没关系，有太多话题 </li>
        </ol>
        <p>合： </p>
        <ul>
            <li class="all"> 北京欢迎你，有梦想谁都了不起 </li>
            <li class="all"> 有勇气就会有奇迹 </li>
        </ul>
    </div>
</body>
</html>
```

效果如图 5-10 所示。

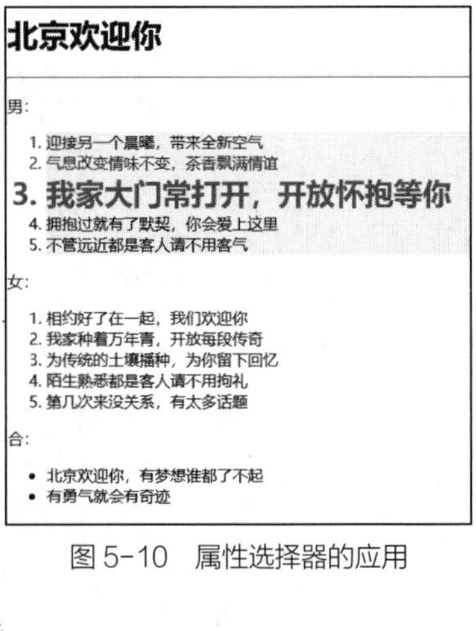

图 5-10　属性选择器的应用

5.4.6　CSS3 选择器权重问题

CSS3 的两大特性之一是重复覆盖，那么如何设计覆盖机制，从而让我们可以灵活地复用已有的样式代码，并在其基础上实现便捷的修改与特殊定制呢？这就是 CSS3 中的选择器权重机制要解决的问题。首先了解权重计算规则。

不同的选择器或引入方式对应了 4 个级别的权值，如下所示。

- 行内样式，如 style="..."，权值为 1,0,0,0。

- id 选择器，如 #content，权值为 0,1,0,0。
- class 选择器、结构伪类选择器、属性选择器，如 .content，权值为 0,0,1,0。
- 元素选择器、伪元素选择器，如 div、p，权值为 0,0,0,1。
- 通配符选择器、子选择器、相邻兄弟选择器等，如 *、ul>li、hr+p，权值为 0,0,0,0。
- 继承的样式没有权值。没有权值的样式比权值为 0,0,0,0 的样式权重低。

有了上面的权重计算规则，接下来对选择器权重进行比较。

示例如下。

```
<!DOCTYPE html>
<html>
    <head>
        <meta charset="UTF-8">
        <title> 样式引入优先级问题 </title>
        <!-- 内部样式 -->
        <style>
            body h1 {
                color: red;
            }
            h1:first-child{
```

```
                color: green;
            }
        </style>
        <!-- 外部样式 -->
        <link rel="stylesheet" href="./style.css" />
    </head>
    <body>
        <h1> 北京欢迎你 </h1>
        <h4> 歌手：刘欢 </h4>
    </body>
</html>
```

对代码中的选择器 body h1 与 h1:first-child 的权重进行比较。

选择器 body h1 的权值为：0,0,0,0 + 0,0,0,1 = 0,0,0,1。

选择器 h1:first-child 的权值为：0,0,1,0。

比较的规则为从左往右逐个等级比较，前一等级相等才往后比。在权重相同的情况下，后面的样式会覆盖掉前面的样式。选择器 h1:first-child 权重较高，最终应用的是选择器 h1:first-child 中的样式，效果如图 5-11 所示。

图 5-11　选择器的权重应用效果

行内样式、内部样式和外部样式的优先级都是按照这个规则来进行判断的，而不是简单地按照优先级 "行内样式 > 内部样式 > 外部样式" "id 选择器 >class 选择器 > 元素选择器" 来比较。之所以有优先级 "行内样式 > 内部样式 > 外部样式" 的感觉，是因为行内样式的权重是三者之中最高的，而内部样式通常写在外部样式引入之后，所以覆盖掉了之前的外部样式；"id 选择器 >class 选择器 > 元素选择器" 也是根据权重得出的。

通配符选择器、子选择器、相邻兄弟选择器等虽然权值都为 0,0,0,0，但是也比无权值的继承的样式优先级高。

如果是二次开发项目，仅仅是为了一个简单的样式覆盖，就必须进行大量的 CSS 选择器权重的阅读和计算，这显然是不利于开发效率的。因此，CSS3 规则也提供了一个特殊的权重——!important。

!important 可以看作更高位的权重，如 1,0,0,0,0。!important 的作用是提升优先级，换句话说，加了这句的样式比行内样式的优先级还高。但是 !important 不可滥用：不要将其用于全局样式，不要将其用在插件中。注意，使用 !important 进行权重提升并不是最好的解决方案。

5.5 任务实战

任务 1：美化课程说明页面

任务要求

（1）按照图 5-12 所示的效果对 2.5 节任务 3 制作的课程说明页面进行美化。

（2）将所有元素清除内外边距。

（3）主标题字体大小为 20pt（点）。

（4）副标题字体大小为 14pt、颜色为 #333333。

（5）"课程难度""课程时长""课程讲师"对应内容字体颜色为 #eeeeee。

（6）"课程讲师"部分的内容字体颜色为白色、背景颜色为 orange。

（7）"进入课程"按钮的字体颜色为白色、字体大小为 30pt、背景颜色为 orange，并且去除下划线。

（8）简介段落首行缩进两个字的宽度。

（9）设定图片宽度为 500px。

图 5-12　美化课程说明页面效果

任务实施

根据要求使用通配符选择器、元素选择器、层次选择器、结构伪类选择器等进行元素的选取，并进行相应样式效果的设定。

参考代码

HTML 代码如下。

```
<!DOCTYPE html>
<html>
    <head>
        <meta charset="UTF-8">
        <title>Document</title>
        <link rel="stylesheet" href="./css/class.css">
    </head>
    <body>
        <header>
            <!-- 通用页头 -->
        </header>
        <!-- 课程说明部分 -->
        <section >
```

HTML5+CSS3 Web前端开发技术（任务式）（微课版）（第2版）

```
        <h1> 基于 ES6 制作网页跳棋 </h1>
        <h4> 算法无处不在，从小游戏中感受大智慧 </h4>
        <img src="./src/images/tiaoqi.jpg" width="500px">
        <div class="class_info">
            <span> 课程难度：入门 </span>
            <span> 课程时长：5.1 小时 </span>
            <span> 课程讲师：<a class="class_info " href="#"> 梁老师 </a></span>
        </div>
        <hr>
            <p class="class_desc"> 算法（Algorithm）是指对解题方案准确而完整的描述，是一系列用于解
决问题的清晰指令，算法代表着用系统的方法描述解决问题的策略机制。也就是说，算法能够根据一定规范的输入，
在有限时间内获得所要求的输出。如果一个算法有缺陷，或不适用于某个问题，执行这个算法将不能解决这个问题。
不同的算法可能用不同的时间、空间或效率来完成同样的任务。一个算法的优劣可以用空间复杂度与时间复杂度
来衡量。</p>
        <hr>
            <a id="entry_btn" href="./class.html"> 进入课程 </a>
        </section>
        <footer>
            <!-- 通用页尾 -->
        </footer>
    </body>
</html>
```

CSS 代码如下。

```
* {
    padding: 0;
    margin: 0;
}
h1 {
    text-align: center;
    font-size: 20pt;
}
h4 {
    text-align: center;
    font-size: 14pt;
    color: #333333;
}
.class_pic {
    width: 500px;
}
.class_info {
    font-size: 10pt;
```

```
    color: rgb(50,50,50);
    background-color: #eeeeee;
}
.class_info a {
    color: #ffffff;
    background-color:orange;
    text-decoration: none;
}
.class_desc{
    text-indent: 2em;
}
#entry_btn {
    font-size: 30pt;
    color: rgb(255, 255, 255);
    background-color: orange;
    text-decoration: none;
}
```

任务 2：美化课程播放页面

任务要求

（1）将 3.5 节任务 1、任务 3、任务 4 制作的"视频列表"列表、"课程资料"表
格、播放区域等部分的代码进行整合，制作成课程播放页面。

微课视频

美化课程
播放页面

（2）将所有元素清除内外边距。

（3）播放器设置：宽度为 800px，高度根据视频资源自动适配。

（4）"课程资料"表格设置：宽度为 800px；标题居中；外边框为直线、黑色，宽度为 2px；表头部分背景颜色为 #aaaaaa；主体部分奇数列背景颜色为 #cccccc，偶数列背景颜色为 #eeeeee；表格内的超链接字体加粗。

（5）"视频列表"列表设置：宽度为 800px；标题居中；播放中的超链接字体颜色为 red 且显示下划线，其他超链接字体颜色为 orange 且无下划线。效果如图 5-13 所示。

任务实施

（1）将已有的播放区域的代码、课程资料部分的代码、视频列表部分的代码整合为一个 .html 文件，并通过外部样式引入方式引入 .css 文件。

（2）根据要求使用通配符选择器、元素选择器、层次选择器、结构伪类选择器等进行元素的选取，并进行相应样式效果的设定。

参考代码

HTML 代码如下。

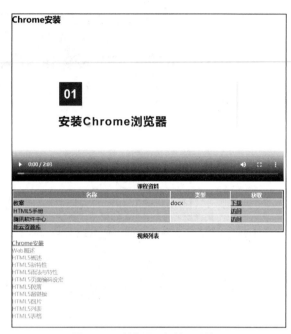

图 5-13　美化课程播放页面效果

```
<!DOCTYPE html>
<html>
<head>
    <meta charset="UTF-8">
    <title>Chrome 安装 </title>
    <link rel="stylesheet" href="./css/class.css">
</head>
<body>
    <!-- 播放页面 -->
    <!-- 播放器 -->
    <section class="player">
        <h1>Chrome 安装 </h1>
        <video src="./src/video/1.Chrome 安装 .mp4" id="video" class="video" width="900" controls></video>
    </section>
    <!-- 学习资料区域 -->
    <table class="resouce" width="800">
        <caption> 课程资料 </caption>
        <thead>
            <tr>
                <th> 名称 </th>
```

```
                <th> 类型 </th>
                <th> 获取 </th>
            </tr>
        </thead>
        <tbody>
            <tr>
                <td> 教案 </td>
                <td>docx</td>
                <td><a href="#"> 下载 </a></td>
            </tr>
            <tr>
                <td>HTML5 手册 </td>
                <td></td>
                <td><a href=" 对应网址 " target="_blank"> 访问 </a></td>
            </tr>
            <tr>
                <td> 腾讯软件中心 </td>
                <td></td>
                <td><a href=" 对应网址 " target="_blank"> 访问 </a></td>
            </tr>
        </tbody>
        <tfoot>
            <tr>
                <td colspan="3"><a href="#"> 新云资源库 </a></td>
            </tr>
        </tfoot>
    </table>
    <!-- 视频列表 -->
    <section class="links">
        <h4> 视频列表 </h4>
        <ol>
            <li><a href="#" class="playing">Chrome 安装 </a></li>
            <li><a href="#">Web 概述 </a></li>
            <li><a href="#">HTML5 概述 </a></li>
            <li><a href="#">HTML5 新特性 </a></li>
            <li><a href="#">HTML5 语法与特性 </a></li>
            <li><a href="#">HTML5 页面编码设定 </a></li>
            <li><a href="#">HTML5 段落 </a></li>
            <li><a href="#">HTML5 超链接 </a></li>
            <li><a href="#">HTML5 图片 </a></li>
            <li><a href="#">HTML5 列表 </a></li>
            <li><a href="#">HTML5 表格 </a></li>
        </ol>
    </section>
</body>
</html>
```

CSS 代码如下。

```
* {
    padding: 0;
    margin: 0;
}
/* 播放器 */
.player video{
    width: 800px;
}
/* 资料区域 */
.resouce{
    width: 800px;
    border: 2px solid #000000;
}
.resouce caption{
    font-weight: bold;
}
.resouce th{
    color: #ffffff;
    font-weight: bold;
    background-color: #aaaaaa;
}
.resouce td:nth-child(odd){
    background-color: #cccccc;
```

```
}
.resouce td:nth-child(even){
    background-color: #eeeeee;
}
.resouce a{
    font-weight: bold;
}
/* 视频列表 */
.links{
    width: 800px;
}
.links h4{
    text-align: center; /* 文本居中 */
}
.links a{
    color: orange;
    text-decoration: none; /* 去除下划线 */
}
.links .playing{
    color: red;
    text-decoration: underline; /* 添加下划线 */
}
```

5.6 任务小结

本任务主要讲解 CSS3 的发展历史、基础语法、引入方式，CSS3 基础选择器、高级选择器及选择器权重问题，并且完成了"新云课堂"项目课程说明页面、课程播放页面的美化。

通过对本任务的学习，读者应该了解 CSS3 的基础语法和作用，并能够使用 CSS3 对页面元素进行美化。CSS3 选择器是重要的知识点，读者需要熟练掌握。

5.7 知识巩固

（1）简要描述子选择器和后代选择器。

（2）当 <p> 标签嵌套 <strong> 标签时，可以使用后代选择器对其中的 <strong> 标签进行控制，下列写法正确的是（ ）。

A. strong p{color:red;}   B. p strong{color:red;}   C. strong, p{color:red;}   D. p, strong{color:red;}

5.8 任务拓展

尝试使用不同的选择器对 5.5 节的任务中的元素进行美化。

任务

使用CSS3美化页面

06

6.1 任务概述

学习 HTML 和 CSS，要注意书写格式，合理添加注释，合理规划项目文件，这些都是合格的前端开发人员的基本素养。

在理解 CSS3 基本语法，并能够使用选择器灵活地对要修饰的内容进行选定之后，我们的学习重心就要转向如何去修饰、渲染内容了。本任务将分类介绍日常开发中常用的样式，从基础的文字样式开始，详细讲解使用 CSS 样式设置文字、文本的各种效果和使用 CSS3 设置超链接样式的各种方式，并讲解网页中列表样式、背景颜色、背景图片的各种设置方法和渐变效果的设置方法。掌握了各种各样的样式美化方法之后，我们将对"新云课堂"中文本内容较为集中的几个页面部分，配合最常用的 class 选择器进行样式的美化。

6.2 任务目标

素质目标

（1）培养学生主动学习以及分析和解决问题的能力。

（2）培养学生的职业素养和职业道德。

知识目标

（1）了解常用的文字样式。

（2）掌握超链接的不同状态样式。

（3）掌握列表的样式。

（4）掌握背景颜色的样式。

（5）掌握背景图片的样式。

（6）理解背景渐变色样式。

技能目标

使用 CSS3 样式进行常见页面样式的美化。

6.3　知识图谱

6.4　任务准备

6.4.1　文字样式

1. <span> 标签

在 HTML 中，<span> 标签是用来组合 HTML 文档中的行内元素的，它没有固定的显示格式，只有对它应用 CSS 样式时，其效果才会产生视觉上的变化。

将要单独设定样式的部分文本使用 <span> 标签进行包裹，就可以灵活地添加指定样式了。

```
<!DOCTYPE html>
<html>
    <head lang="en">
        <meta charset="UTF-8">
        <title><span> 标签的应用 </title>
        <style type="text/css">
            p {
                font-size: 14px;
            }
            p .show ,.bird span {
                font-size: 36px;
                font-weight: bold;
                color: blue;
            }
            p #dream {
                font-size: 24px;
                font-weight: bold;
                color: red;
```

```
            }
        </style>
    </head>
    <body>
        <p> 享受 <span class="show"> 优质 </span> 教育服务 </p>
        <p> 在这里，有一群人默默支持你成就 <span id="dream">IT 梦想
</span></p>
<p class="bird"> 选择 <span> 新云课堂 </span>，成就你的梦想 </p>
    </body>
</html>
```

效果如图 6-1 所示。

由图 6-1 可以看出，<span> 标签可以为 <p> 标签中的部分文字添加样式，且不会改变文字的显示方向。它不会像 <p> 标签和标题标签那样，每对标签独占一个矩形区域。

享受**优质**教育服务

在这里，有一群人默默支持你成就**IT梦想**

选择**新云课堂**，成就你的梦想

图 6-1　<span> 标签的应用效果

2. 文字样式属性

CSS 中常用的文字样式属性见表 6-1。

表6-1　CSS中常用的文字样式属性

属性	功能
font-style	设定字体风格 normal：文本正常显示 italic：文本斜体显示 oblique：文本倾斜显示
font-weight	设定字体的粗细 normal：默认粗细 bold：加粗 bolder：更粗的字体 lighter：更细的字体 按照 100、200、300、400、500、600、700、800、900 共 9 个级别划分字体粗细，400 为 normal，700 为 bold
font-size	设定字体大小
font-family	设定字体类型
font	在一个声明中设置所有字体属性

（1）设定字体风格

在 CSS 中，使用 font-style 属性设置字体的风格。font-style 属性有 3 个值，分别是 normal、italic 和 oblique，这 3 个值分别指定浏览器显示标准的字体样式、斜体字体样式、强制倾斜的字体样式。font-style 属性的默认值为 normal。italic 和 oblique 在页面中显示的效果非常相似，但却并不相同。italic 表示使用相关字体自身设计的斜体风格进行字体展示，而 oblique 表示当字体本身没有斜体字形时，进行倾斜显示。

（2）设定字体字重

使用 font-weight 进行字体字重的设定，通常只是使文字有加粗的效果，实际上 font-weight 的属性值有很多，除了较为常用的 normal 和 bold 两个关键词之外，还有相对粗细值。相对粗细也是由关键词定义的，但是其粗细是相对于上级元素的继承值而言的，表示与上级元素的文字粗

细相对比的粗细设定，包括 bolder 和 lighter。此外还有数字法，包括 100 ~ 900 的 9 个整百数值（含 100、900），这些数值序列代表从最细（100）到最粗（900）的字体粗细程度。每一个数字定义的粗细都要比上一个等级稍微粗一些。

（3）设定字体大小

要使用 font-size 设定字体大小，需要先了解单位长度。

px 是绝对长度单位，也是屏幕成像的最小单位。像素是相对于显示器屏幕分辨率而言的，不支持 IE 浏览器的缩放。

动画

字体单位

em 是相对长度单位，表示相对于当前对象内文本的字体尺寸。如果当前行内文本的字体尺寸未被人为设置，则其相当于浏览器的默认字体尺寸。em 的值并不是固定的，em 会继承父级元素的字体大小。所有浏览器的默认字体高都是 16px，所有未经调整的浏览器都符合 1em=16px。

rem 也是相对长度单位。rem 与 em 唯一的区别是，rem 的参考字体大小是依据页面的 html 元素而不是父元素的 font-size 的大小来确定的，这样一个页面就有了统一的参考标准。

n% 也是相对长度单位，它以父元素字体大小的百分比作为单位。通常推荐使用 em。

vw 表示相对视口宽度（Viewport Width），即文档的可见部分。1vw 代表视口宽度的 1%。

默认情况下：16px = 1em = 1rem = 100%。

（4）设定字体类型

在 CSS 中，字体类型是通过 font-family 属性来控制的。该属性用来告知浏览器使用什么样的字体对内容进行现实渲染。

```
p{font-family: Verdana, " 楷体 ";}
```

上述代码声明了 HTML 页面中 <p> 标签的字体类型，同时声明了两种字体，分别是 Verdana 和楷体。这样浏览器会优先用英文字体显示文字，如果英文字体里没有包含的字符（通常英文字体不支持中文），则从后面的中文字体里面找，这样就实现了英文使用 Verdana、中文使用楷体的不同字体效果。

这样设置的前提是要确定计算机中有 Verdana、楷体这两种字体。如果计算机中没有 Verdana 字体，中文和英文都将以楷体显示；如果计算机中没有楷体，那么中文、英文将以计算机默认的某种字体显示。在设置中文、英文以不同字体显示时，尽可能设置计算机常用的字体，这样就可以实现中文、英文显示不同的字体效果了。优先使用宋体，因为大多数系统默认包含宋体。

font-family 属性可以同时声明多种字体，字体之间用英文逗号分隔。另外，一些字体的名称中间会出现空格，如 Times New Roman 字体，这时需要用双引号将其引起来，使浏览器知道这是一种字体的名称（中文名称如楷体，也需要引起来）。

（5）字体属性简写

前面讲解的几个字体属性都是单独使用的，实际上，在 CSS 中如果对同一部分的字体设置多种字体属性，需要使用 font 属性来进行声明，即利用 font 属性一次设置字体的所有属性，各个属性之间用英文空格分隔，但需要注意这几种字体属性的顺序依次为：字体风格→字体粗细→字体大小→字体类型。示例如下。

```
p span{ font: oblique bold 12px " 楷体 "; }
```

6.4.2　文本样式

以上讲解了文字样式在网页中的应用，这些都是针对文字设置的。实际的网页会使用广泛的元素，除了文字之外，还包括由一个个文字形成的文本，大到网络小说、新闻公告，小到注释说明、温馨提示、网页中的各种超链接等，这些都是网页中常见的文本形式。

如何才能使用 CSS 把网页中的文本设置得美观呢？这就需要用到下面的知识——文本样式。

在网页中，用于排版网页文本的样式有文本颜色、水平对齐方式、首行缩进、行高、文本修饰、垂直对齐方式等。常用的文本样式属性见表 6-2。

表6-2　常用的文本样式属性

属性	功能

color	设定文本颜色。颜色的表示方式如下
	英文单词方式：颜色名的英文单词，如 red
	十六进制数方式：如 #ff0000
	十六进制数简写方式：如 #f00
	rgb() 方式：如 rgb(255,0,0)
	rgba() 方式：如 rgba(255,0,0,0)

text-align	定义文本的水平对齐方式 left：左对齐 right：右对齐 center：水平居中
text-indent	定义文本首行缩进方式。表示方式如下 长度单位 百分比
letter-spacing	定义字符的间距
line-height	定义文本的行高

属性	功能
text-decoration	设定文本内容修饰 overline：上划线 line-through：删除线 underline：下划线 none：无，默认效果
text-shadow	设定文本阴影
word-spacing	设定单词间距
vertical-align	设置一个元素的垂直对齐方式

1. 文本颜色

color 属性用于设定文本颜色，颜色的表示方式有如下几种。

动画

color 属性设定
文本颜色

● 英文单词方式：如 red、blue、green 等，这种方式可以快速描述一些会经常用到的预设定颜色。

● 十六进制数方式：如 #ff0000、#00ff00、#0000ff 等，这种方式依照三基色，使用 0 ～ 255 的十六进制数表示红、绿、蓝 3 种颜色的数值。"#" 后面依次跟随的数字为用十六进制数表示的红、绿、蓝，通常后面所跟的数字为 3 组 6 位，红色则表示为 #ff0000，这里的 "ff" 表示红色数值为最大数值 255，"0000" 表示绿色、蓝色数值为最小数值 0。当表示颜色的一组的两位数值相同时，如 #000000、#333333、#ffffff，可以简写为一位：#000、#333、#fff。

● rgb() 方式：也是依据三基色的数值方式进行颜色的表示。这里使用十进制数进行表示，每一种颜色的取值范围为 0 ～ 255，如 rgb(255,0,0) 表示红色。

● rgba() 方式：在三基色的数值方式的基础上增加了透明效果，即带有透明度值的三基色表示方式。如 rbga(255,0,0,0.5)，表示红色且具有 50% 透明度。a 代表透明度，取值范围为 [0,1]，值为 0 表示全透明，值为 1 表示完全不透明。

使用三基色颜色值表示时，红、绿、蓝所对应的数值必须是在 [0,255] 区间的整数。

▷ **经验分享**

在书写颜色值时要注意以下几点。

（1）通常在实际业务中不会使用英文颜色名进行颜色定义，常使用十六进制数的方式进行指定，并且使用小写字母。

（2）在一个项目中，不论使用哪一种方式进行颜色值的设定，通常要求统一书写方式，具体要使用哪种方式可以在项目开发前沟通商定。

2. 水平对齐方式

在 CSS 中，文本的水平对齐是通过 text-align 属性来控制的，通过它可以设置文本左对齐、居中对齐、右对齐和两端对齐。text-align 属性的常用值见表 6-3。

表6-3　text-align属性的常用值

值	说明
left	把文本排列到左边，默认值，由浏览器决定
right	把文本排列到右边

值	说明
center	把文本排列到中间
justify	实现两端对齐文本效果

经验分享

　　注意这里的对齐效果是对元素内容的排列，即如果想让某元素在父容器中水平对齐，则需要将 text-align 属性赋给父容器。

　　以图 6-2 所示的页面为例，价格部分所在的内容的父容器 <p> 标签设定了水平右对齐，页面中相应内容则向右对齐。

Web前端开发技术

主编: xxx

活动价: **69**元
原价: *99元*

《Web前端开发技术》教材面向职业院校和应用型本科院校，发挥课程核心引领作用，从HTML5和CSS3的基础知识入手,重点讲解HTML5、CSS3核心知识和最新前端技术，企业真实项目案例贯穿全书，使学习者在学习知识和技术的同时，掌握Web开发和设计的精髓，提高综合素质能力。本书系统地讲解了HTML5和CSS3的基础理论和实际应用技术，适合没有基础的读者进行学习。本书既可作为高等院校本、专科相关专业的网页设计与制作课程的教材，也可为前端与移动开发人员提供参考。

图 6-2　右对齐效果

```
<!DOCTYPE html>
<html>
<head>
    <meta charset="UTF-8">
    <title></title>
    <style>
        p:nth-of-type(2){
            text-align: right;
            text-indent: 10em;
        }

    </style>
</head>
<body>
```

```
<h3>Web 前端开发技术 </h3>
<p> 主编: xxx</p>
<p>
    活动价: <strong>69 元 </strong><br>
    原价: <em><del>99 元 </del></em>
</p>
<hr>
<p>
    <img src="./src/2.jpg" alt="Web 前端开发技术 " title="Web 前端开发技术 " width="200" height="200">
    《Web 前端开发技术》教材面向职业院校和应用型本科院校，发挥课程核心引领作用，从 HTML5 和
CSS3 的基础知识入手，重点讲解 HTML5、CSS3 核心知识和最新前端技术，企业真实项目案例贯穿全书，使学
习者在学习知识和技术的同时，掌握 Web 开发和设计的精髓，提高综合素质能力。本书系统地讲解了 HTML5 和
CSS3 的基础理论和实际应用技术，适合没有基础的读者进行学习。本书既可作为高等院校本、专科相关专业的网
页设计与制作课程的教材，也可为前端与移动开发人员提供参考。    </p>
</body>
</html>
```

3. 首行缩进

在使用 Word 编辑文档时，通常会设置段落首行缩进两个字符，在 CSS 中也有这样的属性来实现对应的功能。CSS 中通过 text-indent 属性来设置首行缩进。

在 CSS 中，text-indent 直接将缩进距离以数字表示，单位为 em 或 px。对于中文网页，em 用得较多，通常设置为 2em，表示缩进两个字符，如将 p{text-indent:2em;} 添加到上面的案例中后，得到的效果如图 6-3 所示。

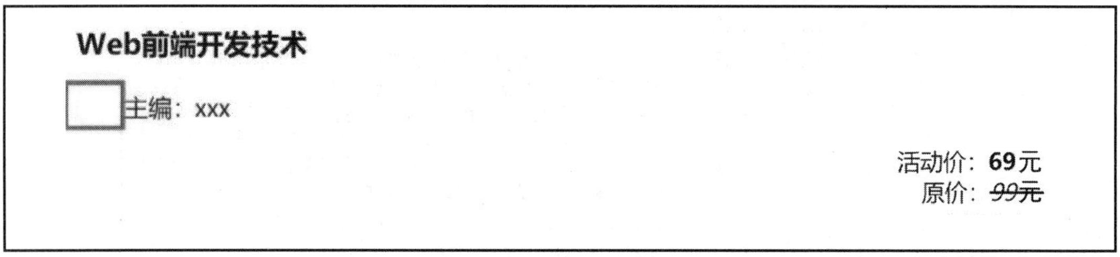

Web前端开发技术

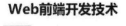主编: xxx

活动价: **69**元
原价: *99*元

图 6-3　首行缩进效果

4. 行高

动画

line-height
属性

CSS 中通过 line-height 属性来设置行高。line-height 的属性值与 font-size 的属性值一样，也是以数字来表示的，单位也是 px，即以像素表示行高。除了使用像素表示行高外，也可以不加任何单位，这时行高是字体大小的倍数。例如，<p> 标签中的字体大小为 12px，如果将它的行高设置为 "line-height:1.5;"，那么它的行高换算为像素则是 18px。这种不加任何单位的方法在实际网页制作中并不常用，通常以像素表示行高。

在上面的案例中，最后的描述文字内容行与行之间显得非常拥挤，这时 line-height 属性就派上用场了。

给上述案例添加 line-height 属性，效果如图 6-4 所示。

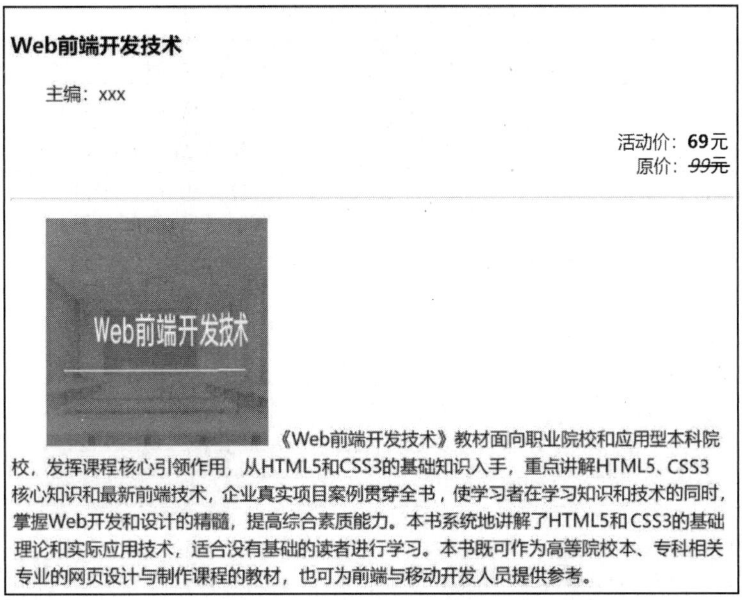

Web前端开发技术

主编：xxx

活动价：**69**元
原价：*99*元

《Web前端开发技术》教材面向职业院校和应用型本科院校，发挥课程核心引领作用，从HTML5和CSS3的基础知识入手，重点讲解HTML5、CSS3核心知识和最新前端技术，企业真实项目案例贯穿全书，使学习者在学习知识和技术的同时，掌握Web开发和设计的精髓，提高综合素质能力。本书系统地讲解了HTML5和CSS3的基础理论和实际应用技术，适合没有基础的读者进行学习。本书既可作为高等院校本、专科相关专业的网页设计与制作课程的教材，也可为前端与移动开发人员提供参考。

图6-4　line-height 属性的应用效果

▷ **经验分享**

　　line-height 属性有一种特殊的用法，即让单行文本在父容器中垂直居中。

　　要使文字垂直居中，如果没有能够实现垂直居中的已有样式，可以使用 line-height 属性来实现，前提是要知道父容器的高度。使 line-height 属性值等于容器的高度，就能让单行文本在其容器中垂直居中。

　　示例如下。

```
<!DOCTYPE html>
<html>
    <head lang="en">
        <meta charset="UTF-8">
        <title>span 标签的应用 </title>
        <style type="text/css">
            p{
                background-color: #eee;
                font-size: 20px;
                height: 100px;
                line-height: 100px;
            }
        </style>
    </head>
    <body>
        <p> 选择河北工职大，成就你的梦想 </p>
    </body>
</html>
```

效果如图 6-5 所示。

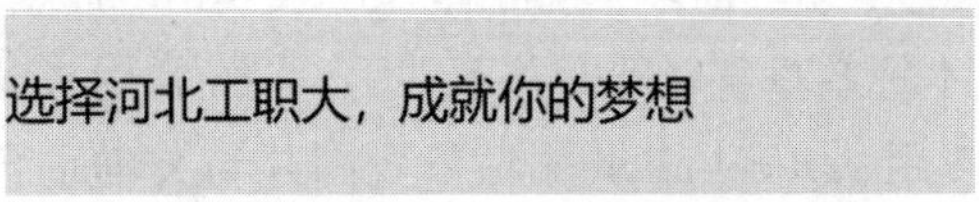

选择河北工职大，成就你的梦想

图 6-5　用 line-height 属性实现垂直居中

5. 文本修饰

　　网页中经常会有一些文字有下划线、删除线等，这些都是文本的修饰效果。在 CSS 中通过 text-decoration 属性来设置文本修饰。text-decoration 属性的值见表 6-4。

表6-4 text-decoration属性的值

值	说明
none	默认值，定义的标准文本
underline	设置文本的下划线
overline	设置文本的上划线
line-through	设置文本的删除线

示例如下。

```
<!DOCTYPE html>
<html>
<head lang="en">
    <meta charset="UTF-8">
    <title>text-decoration</title>
    <style>
        a:nth-of-type(1){ text-decoration: underline; }
        a:nth-of-type(2){ text-decoration: overline; }
        a:nth-of-type(3){ text-decoration: line-through; }
        a:nth-of-type(4){ text-decoration: none; }
    </style>
</head>
<body>
    <a href="#"> 下划线：underline</a> <br/> <br/>
    <a href="#"> 上划线：overline</a> <br/> <br/>
    <a href="#"> 删除线：line-through</a> <br/> <br/>
    <a href="#"> 无文本修饰：none</a> <br/> <br/>
</body>
</html>
```

效果如图 6-6 所示。

none 和 underline 是较为常用的两个值。超链接标签默认有下划线，但大多数情况下我们并不希望显示下划线，所以就要通过设置 text-decoration 属性把它删除。

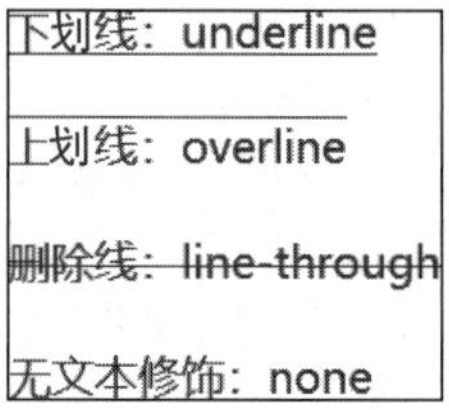

图 6-6 text-decoration 属性的应用

6. 垂直对齐方式

在 CSS 中通过 vertical-align 设置垂直方向的对齐方式。在目前的浏览器中，只能对表格单元格中的对象使用垂直对齐方式属性，而对于一般的标签，如 <h1>～<h6>、<p> 及 <div> 标签，该属性都是不起作用的，因此 vertical-align 在设置文本标签垂直对齐时并不常用，它经常用来设置图片与文本的对齐方式。

在网页开发中，通常使用 vertical-align 属性设置图片与文本垂直居中对齐，此时它的值为 middle。

示例如下。

```
<!DOCTYPE html>
<html>
    <head lang="en">
```

```
    <meta charset="UTF-8">
    <title>垂直对齐方式 </title>
    <style type="text/css">
        img,
        span {
            vertical-align: middle;
        }
    </style>
</head>
<body>
    <p>
            <img src="1.jpg" width="129" height="121" />
            <span>图片与文本垂直居中对齐 </span>
    </p>
</body>
</html>
```

效果如图 6-7 所示。

经验分享

与 text-align 属性不同，vertical-align 属性修
饰的是进行排列的子元素，如果想让某个元素内的图
文都垂直居中排列，则需要给元素内的图片、文字部
分添加该样式。

图 6-7　vertical-align 属性的应用效果

7. 文本阴影

在 text-shadow 属性出现之前，网页中要显示阴影效果主要采用以 Photoshop 等绘图工具将其
制作成图片引入页面的方式。这种方式非常麻烦。不过，现在 CSS3 可以使用 text-shadow 属性为
文本设置阴影效果。这个属性有两个作用，即产生阴影和模糊主体。这样无须使用图片就能增加
文本的质感。

text-shadow 属性有 4 个参数，每个参数都有自己的作用。

（1）color：阴影颜色，定义绘制阴影时所使用的颜色。如果不设置这个值，会使用文本的颜
色作为阴影的颜色。阴影颜色可以用英文单词、十六进制数、rgb()、rgba() 等方式表示。

（2）x-offset：x 轴位移，用来指定阴影水平位移量，其值可以是正值或负值，如果为正值，
阴影在对象的右边，反之阴影在对象的左边。

（3）y-offset：y 轴位移，用来指定阴影垂直位移量，其值可以是正值或负值，如果为正值，
阴影在对象的底部，反之阴影在对象的顶部。

（4）blur-radius：阴影模糊半径，代表阴影向外模糊的模糊范围。值越大，阴影向外模糊的
范围越大，阴影的边缘就越模糊。这个值只能是非负值，如果为 0，表示不具有模糊效果。

可以使用 text-shadow 属性来给文本指定多个阴影，并且针对每个阴影设置不同的颜色。指
定多个阴影时使用逗号将多个阴影分隔。多阴影效果按照给定的顺序应用，因此前面的阴影有可

能会覆盖后面的阴影，但是它们永远不会覆盖文本本身。

示例如下。

```
<!DOCTYPE html>
<html>
<head lang="en">
    <meta charset="UTF-8">
    <title> 文本阴影 </title>
    <style>
        h3{ font-size: 18px; text-shadow: blue 10px 10px 2px; }
    </style>
</head>
<body>
    <h3> 网站开发中级教程指南 PHP 面向对象开发技术 </h3>
    <h4> 学完将掌握 PHP 初级知识 </h4>
</body>
</html>
```

效果如图 6-8 所示。

网站开发中级教程指南PHP面向对象开发技术

学完将掌握PHP初级知识

图 6-8　text-shadow 属性的应用效果

6.4.3　超链接样式

在任何一个网页上，超链接都是较为常用的元素，通过超链接能够实现页面的跳转、功能的激活等，因此超链接也是用户接触较多的元素之一。下面介绍如何使用 CSS 设置超链接的样式。

前面的任务已经介绍了超链接的用法，作为 HTML 中常用的元素，超链接的样式有其显著的特殊性：当为某文本或图片设置超链接时，文本或图片标签将继承超链接的默认样式。对于图 6-9 所示的超链接，怎样实现单击前文本颜色为蓝色，单击后文本颜色为紫色，正在单击时为红色？

超链接被单击前和单击后的不同颜色，其实是超链接的默认伪类样式。伪类就是不根据名称、属性、内容，只根据标签处于某种行为或状态时的特征来修饰样式，也就是说，超链接将根据用户单击访问前、鼠标指针悬浮在超链接上、单击未释放、单击访问后 4 个状态显示不同的超链接样式。伪类样式的基本语法为"标签名 : 伪类名 { 声明 :}"。

Web前端开发技术

Web前端开发技术

学完将掌握网页设计和开发技术

单价:38.0元

图 6-9　超链接

4 个超链接伪类样式见表 6-5。

表6-5　4个超链接伪类样式

名称	含义	示例
a:link	单击访问前的超链接样式	a:link{color:#9EF5F9;}
a:visited	单击访问后的超链接样式	a:visited{color:#333;}
a:hover	鼠标指针悬浮其上的超链接样式	a:hover{color:#FF7300;}
a:active	单击未释放的超链接样式	a:active{color:#999;}

既然超链接伪类有 4 种，那么在对超链接设置样式时，有没有顺序区别或者限制？当然有，在 CSS 中设置伪类的顺序为 a:link → a:visited → a:hover → a:active，如果先设置 a:hover 再设置 a:visited，在部分浏览器中会导致非预期的样式覆盖，具体原因在此不讲解，只要按照以上顺序书写即可，书写时可以略过中间的如 a:visited、a:hover 样式的设定。

经验分享

为了方便记忆，作者总结了一个"爱恨原则"——"LoVe-HAte"，其中"L"代表 link，"V"代表 visited，"H"代表 hover，"A"代表 active。

使用 a:hover 设置一种样式，使用其他 3 种伪类设置一种样式，这样的设置能实现网上常见的超链接效果，但是在实际的开发中，是不会这样设置的。实际页面开发仅设置两种超链接样式：一种是超链接 <a> 标签选择器样式，另一种是鼠标指针悬浮在超链接上的样式。

示例如下。

```
<!DOCTYPE html>
<html>
<head>
    <title> 超链接伪类 </title>
    <style>
        a{
            text-decoration: none;
        }
        a:hover{
            text-decoration: underline;
            color: orange;
        }
    </style>
</head>
<body>
    <div>
        <img src="./src/2.jpg" width="300px" height="300px">
        <a href="#">
            <h2>Web 前端开发技术 </h2>
        </a>
        <a href="#"> 学完将掌握网页设计和开发技术 </a>
        <h6> 单价 :38.0 元 </h6>
```

```
            </div>
        </body>
    </html>
```

效果如图 6-10 所示。

<a> 标签选择器样式表示超链接在任何状态下都是这种样式，而之后设置的 a:hover 超链接样式表示当鼠标指针悬浮在超链接上时显示的样式，这样既减少了代码量，使代码可读性更高，也实现了想要的效果。

6.4.4 列表样式

在浏览网页时，使用列表组织的网页内容无处不在。例如，横向导航菜单、竖向菜单、新闻列表、商品分类列表等，基本都是使用 ul-li 结构列表实现的。在传统网页中，菜单、商品分类使用的列表前面均有默认的圆点符号，该如何去掉这个圆点符号呢？

图 6-10　a:hover 的应用效果

这就要用到 CSS 列表样式属性。CSS 列表有 4 个属性用于设置列表样式，分别是 list-style-type、list-style-image、list-style-position 和 list-style。其中，list-style-image 属性设置使用图像来替换列表项的标记，list-style-position 属性设置在何处放置列表项的标记，这两个属性在实际开发中并不常用，在此不做详细讲解。使用较多的是 list-style-type 和 list-style 这两个属性，下面对它们进行详细的讲解。

用于设置列表项标记的 list-style-type 属性的值见表 6-6。

表6-6　用于设置列表项标记的list-style-type属性的值

值	说明	语法示例	效果示例
none	无标记符号	list-style-type: none;	刷牙 洗脸
disc	实心圆，默认类型	list-style-type: disc;	●刷牙 ●洗脸
circle	空心圆	list-style-type: circle;	○刷牙 ○洗脸
square	实心正方形	list-style-type: square;	■刷牙 ■洗脸
decimal	数字	list-style-type: decimal;	1. 刷牙 2. 洗脸

默认无序列表前面会有黑色实心小圆点，可以通过给 ul 添加 list-style:none 属性去除小圆点。

```
ul {
    list-style: none;
}
```

HTML5+CSS3 Web前端开发技术（任务式）（微课版）（第2版）

list-style 是简写的方式，表示在一个声明中设置所有列表的属性。list-style 按照 list-style-type → list-style-position → list-style-image 的顺序设置属性值。在实际应用中常常直接使用 list-style 来设置列表无标记符，list-style-position 和 list-style-image 通常省略不写。

示例如下。

```html
<!DOCTYPE html>
<html>
    <head lang="en">
        <meta charset="UTF-8">
        <title> 列表样式 </title>
        <style>
            .title {
                font-size: 18px;
                font-weight: bold;
                text-indent: 1em;
                line-height: 35px;
            }
            ul li {
                list-style: none;
                height: 30px;
                line-height: 25px;
                text-indent: 1em;
            }
            a {
                font-size: 14px;
                text-decoration: none;
                color: #000;
            }
            a:hover {
                color: #F60;
            }
        </style>
    </head>
    <body>
        <h2 class="title"> 全部课程分类 </h2>
        <ul>
            <li><a href="#"> 前端 </a>  <a href="#"> 大数据 </a>  <a href="#"> 数字媒体技术 </a></li>
            <li><a href="#">PHP</a>  <a href="#"> 网络安全 </a>  <a href="#"> 网络运维 </a></li>
            <li><a href="#">Java</a>  <a href="#"> 办公 </a></li>
            <li><a href="#">JavaScript</a>  <a href="#">Go 区块链 </a>  <a href="#"> 后端开发 </a></li>
        </ul>
    </body>
</html>
```

效果如图 6-11 所示。

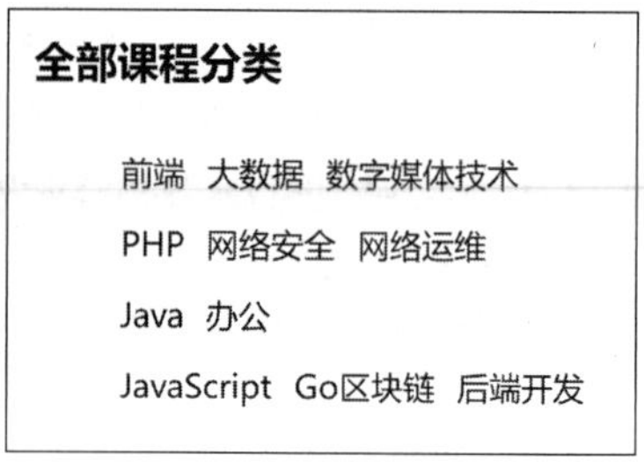

大家在浏览网页时可能会发现，网页中的列表很少使用 CSS 自带的列表标记，而是使用设计的图标，此时大家可能会想使用 list-style-image 就可以了。可是 list-style-position 不能准确地定位图像标记的位置，而网页中图标的位置通常都是非常精确的。在实际的网页制作中，通常使用 list-style 或 list-style-type 设置列表无标记符号，然后通过背景图像的方式把设计的图标设置成列表项标记。在网页制作中，list-style 和 list-style-type 两个属性是经常会用到的，而另外两个属性则不太常用，因此牢记 list-style 和 list-style-type 的用法即可。

全部课程分类

前端 大数据 数字媒体技术

PHP 网络安全 网络运维

Java 办公

JavaScript Go区块链 后端开发

图 6-11　list-style 属性的应用

6.4.5　背景样式

大家在浏览网页时能看到各种各样的页面背景（background），有页面整体的图像背景、颜色背景，也有局部的图像背景、颜色背景等。

制作网页的常用 <div> 标签把 HTML 文档分割成独立的、不同的部分，以此进行网页布局。<div> 标签与 <p> 标签一样，也是成对出现的。一对没有添加内容和 CSS 样式的 <div> 标签独占一行。只有在使用 CSS 样式对它进行控制后，它才能像报纸、杂志版面的信息块那样，对网页进行排版，制作出复杂多样的网页布局。此外，在使用 <div> 标签布局页面时，可以嵌套 <div> 标签，同时也可以嵌套列表、段落等各种网页元素。

使用 CSS 控制 <div> 标签进行网页布局的内容将在后续的任务中讲解。本任务先认识使用 CSS 控制网页元素的宽、高属性——width 和 height。这两个属性的值均以数字表示，单位为 px。例如，设置页面中 id 为 header 的 <div> 标签的宽和高，代码如下所示。

```
#header {
    width:200px;
    height:280px;
}
```

在 CSS 中，背景包括背景颜色（background-color）和背景图像（background-image）两种样式，此外还有 CSS3 新增的背景渐变，下面分别来介绍。

1. 背景颜色

在 CSS 中，使用 background-color 属性设置文字、div、列表等网页元素的背景颜色。background-color 属性值的表示方法与 color 属性值的表示方法一样，通常用十六进制数表示。其中有一个特殊值——transparent（透明），是 background-color 属性的默认值。

示例如下。

```
<!DOCTYPE html>
<html>
    <head lang="en">
        <meta charset="UTF-8">
        <title> 列表样式 </title>
```

HTML5+CSS3 Web前端开发技术（任务式）（微课版）（第2版）

```
            <style>
                ul{
                    background-color: #fff;
                }
                .title{
                    background-color: red;
                }
            </style>
        </head>
        <body>
            <h2 class="title"> 全部课程分类 </h2>
            <ul>
                <li><a href="#"> 前端 </a>  <a href="#"> 大数据 </a>  <a href="#"> 数
字媒体技术 </a></li>
                <li><a href="#">PHP</a>  <a href="#"> 网络安全 </a>  <a href="#"> 网
络运维 </a></li>
                <li><a href="#">Java</a>  <a href="#"> 办公 </a></li>
                <li><a href="#">JavaScript</a>  <a href="#">Go 区块链 </a>  <a href="#">
后端开发 </a></li>
            </ul>
        </body>
    </html>
```

效果如图 6-12 所示。

2. 背景图像

在网页制作中，不仅能为网页元素设置背景颜色，还可以使用图像作为某个元素的背景，如设置整个页面的背景为图像。CSS 中使用 background-image 属性设置网页元素的背景图像。

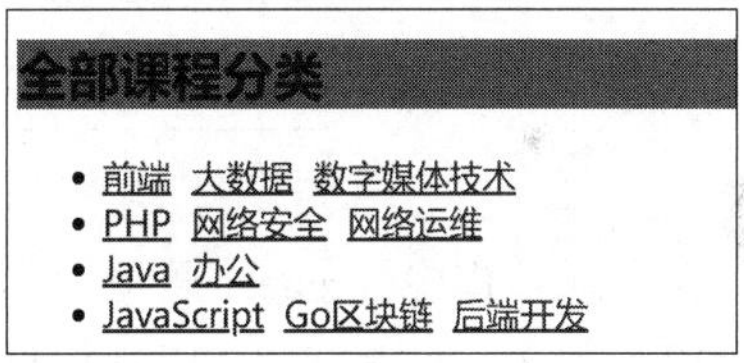

在网页制作中设置背景图像时，通常会将 background-image（背景图像）属性与 background-repeat（背景重复方式）、background-position（背景定位）这 3 个属性一起使用，下面详细介绍这几个属性。

图 6-12　background-color 属性的应用效果

（1）background-image

使用 background-image 属性设置背景图像的语法是 "background-image: url（图片路径）;"。

在实际工作中，图片路径通常为相对路径。此外，background-image 还有一个特殊的值，即 none，表示不显示背景图像，实际工作中这个值很少用。

（2）background-repeat

如果仅设置了 background-image，那么背景图像默认自动向水平和垂直两个方向重复平铺。如果不希望图像平铺，或者只希望图像沿着一个方向平铺，则使用 background-repeat 属性来控制。该属性有 4 个值，可以实现不同的平铺方式。

- repeat：沿水平和垂直两个方向平铺。
- no-repeat：不平铺，即背景图像只显示一次。

- repeat-x：只沿水平方向平铺。
- repeat-y：只沿垂直方向平铺。

示例如下。

```
<!DOCTYPE html>
<html>
    <head>
        <meta charset="UTF-8">
        <title> background-repeat</title>
        <style>
            div {
                float: left;
                width: 200px;
                height: 200px;
                border: 1px solid red;
                background-image: url("2.jpg");
            }
            .div1 {
                background-repeat: repeat-x;
            }
            .div2 {
                background-repeat: repeat-y;
            }
            .div3 {
                background-repeat: no-repeat;
            }
        </style>
    </head>
    <body>
        <div class="div1"></div>
        <div class="div2"></div>
        <div class="div3"></div>
    </body>
</html>
```

效果如图 6-13 所示。

图 6-13　background-image 和 background-repeat 属性的应用效果

在实际工作中，repeat 通常用于小图片平铺整个页面或页面中某一块内容的背景，no-repeat 通常用于小图标的显示或只需要显示一次的背景图像，repeat-x 通常用于导航背景、标题背景，repeat-y 在页面制作中并不常用。

（3）background-position

在 CSS 中，使用 background-position 属性来设置图像在背景中的位置。背景图像默认从被修饰的网页元素的左上角开始显示图像，但也可以使用 background-position 属性设置背景图像出现的位置，即背景出现一定的偏移量。background-position 属性值的表示方式及含义见表 6-7，可以使用具体数值、百分比、关键词 3 种方式表示水平和垂直方向的偏移量。

表6-7　background-position属性值的表示方式及含义

值	含义	示例
Xpos Ypos	使用像素值表示，第一个值表示水平位置，第二个值表示垂直位置	0px 0px（默认，表示从左上角出现背景图像，无偏移） 30px 40px（正向偏移，图像向右和向下移动） −50px −60px（反向偏移，图像向左和向上移动）
X% Y%	使用百分比表示背景的位置	30% 50%（垂直方向居中，水平方向偏移 30%）

值	含义	示例
X、Y 方向关键词	使用关键词表示背景的位置，水平方向的关键词有 left、center、right，垂直方向的关键词有 top、center、bottom	使用水平和垂直方向的关键词进行自由组合，如果省略，则默认为 center。例如： right top（右上角出现） left bottom（左下角出现） top（上方水平居中位置出现）

▶ 经验分享

掌握了背景定位，就解锁了一项新技能——使用"精灵图"。精灵图是将多个图片组合在一个图片文件中，如图 6-14 所示。

图 6-14 精灵图

这张图共包含了页面中需要使用的 4 处内容，是 4 张图的组合。如果不使用精灵图进行组合，要实现首页底部的内容，如图 6-15 所示，就需要提供 4 张图片。

图 6-15 首页底部的内容

HTML 代码如下。

```
<ul class="footer-1 clear">
    <li class="clear">
        <div class="logo-left logo-left-1"></div>
        <div class="logo-right">
            <p class="logo-title"> 正品保障 </p>
            <p class="logo-desc"> 正品行货 放心购买 </p>
        </div>
    <li class="clear">
        <div class="logo-left logo-left-2"></div>
        <div class="logo-right">
            <p class="logo-title"> 满 99 元包邮 </p>
            <p class="logo-desc"> 满 99 元包邮 免运费 </p>
        </div>
    </li>
    <li class="clear">
        <div class="logo-left logo-left-3"></div>
        <div class="logo-right">
            <p class="logo-title"> 售后无忧 </p>
            <p class="logo-desc"> 支持 7 天无理由退货 </p>
        </div>
```

```
        </li>
        <li class="clear">
            <div class="logo-left logo-left-4"></div>
            <div class="logo-right">
                <p class="logo-title"> 准时送达 </p>
                <p class="logo-desc"> 收货时间由你定 </p>
            </div>
        </li>
    </ul>
```

CSS 代码如下。

```
/*
    图片区
*/
.footer-1{
    padding: 20px 0;
    border-bottom: 1px solid #eee;
}
.footer-1>li{


}
.footer-1>li{
    float: left;
    width: 255px;
}
.footer-1>li:last-child{
    width: 195px;
}
.footer-1>li>.logo-left{
    float: left;
    width: 66px;
    height: 66px;
    /* 统一加载精灵图 */
    background-image: url(../src/logo-left.png);
}
.footer-1>li>.logo-right{
```

```
    width: 100%;
}
.footer-1>li>.logo-right>p:first-child{
    font-weight: bold;
    font-size: 16px;
    margin: 10px 0 10px 76px;
}
.footer-1>li>.logo-right>p:last-child{
    font-size: 14px;
    margin-left: 76px;
    color: #999;
}
.footer-1>li>.logo-left-1{
    background-position: 0 -10px;
}
.footer-1>li>.logo-left-2{
    background-position: 270px -10px;
}
.footer-1>li>.logo-left-3{
    background-position: 180px -10px;
}
.footer-1>li>.logo-left-4{
    background-position: 90px -10px;
}
}
```

这样实际上页面只加载了一张图，如图 6-16 所示。红色正方形为可视区域，它是通过 div 元素的宽高确定的。将精灵图作为背景图，调整背景图的位置，可以使 div 元素的背景可见区域按照预期显示。

图 6-16　精灵图的应用

精灵图的优点是可以减少网页加载时的图片请求，对服务器的高并发访问也有缓解作用，但也并非绝对。精灵图的缺点也很明显，需要前端开发时进行图片的组合，并且使用时需要精确计算偏移位置。不过借助精灵图生成工具精灵图的使用会方便很多。

3. 背景样式简写

如同之前讲解过的 font 属性在 CSS 中可以把多个属性综合声明实现简写一样，背景样式的

CSS 属性也可以简写。使用 background 属性可以简写背景样式。

上面给导航添加背景图标的案例在类 title 样式中声明导航标题的背景颜色和背景图像时使用了多条规则，使用 background 属性简写后的代码如下。

```
.title{
    font-size: 18px;
    font-weight: bold;
    color: #FFF;
    text-indent: lem;
    line-height: 35px;
    background: #C00 url(./arrow-down.gif) 205px 10px no-repeat;
}
```

4. 背景尺寸

background 是 CSS 中使用频率很高的一个属性，可以帮助 Web 设计师实现一些特殊的效果，但是设计师如何直接对背景图片的大小进行控制呢？接下来将详细介绍 CSS3 中新添加的 background-size（背景尺寸）属性的使用。

▶ 经验分享

使用背景图片的元素必须有宽度和高度，否则背景图片无法显示。默认情况下，背景图片在元素中是按自己本身的宽度、高度来平铺显示的，和外面的包裹元素的宽、高无关。

示例如下。

```
<!DOCTYPE html>
<html>
    <head lang="en">
        <meta charset="UTF-8">
        <title></title>
        <style>
            div {
                float: left;
                width: 200px;
                height: 130px;
                border: 1px solid red;
                background: url("./2.jpg") no-repeat;
                background-size: contain;
            }
            div:first-child {
                background-size: auto;
            }
            div:nth-child(2) {
                background-size: 120px 60px;
            }
            div:nth-child(3) {
                background-size: 120px;
            }
            div:nth-child(4) {
                background-size: 50% 80%;
            }
            div:nth-child(5) {
                background-size: cover;
            }
            div:nth-child(6) {
                background-size: cover;
                background-position: center;
            }
        </style>
    </head>
    <body>
        <div></div>
        <div></div>
        <div></div>
        <div></div>
        <div></div>
        <div></div>
    </body>
</html>
```

效果如图 6-17 所示。

第一个 div 元素的效果为添加默认效果的背景图（原图尺寸为 90px × 90px）。

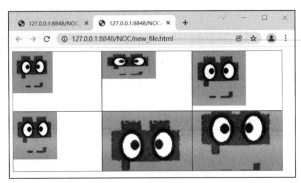

图 6-17　背景尺寸对比效果

第二个 div 元素的背景图片的尺寸就不是默认的了，而是宽为 120px、高为 60px，背景图片由于拉伸而失真。

第三个 div 元素，background-size 的第二个值没有设置，此时就相当于"120px auto"，这时背景图片的高度会根据宽度做一定比例的调整。

第四个 div，background-size 使用百分比的值。当使用百分比时，不是相对于背景图片的尺寸大小来计算的，而是相对于元素尺寸来计算的。案例中 div 元素宽度为 200px、高度为 130px，当 background-size 取值为"50%,80%"时，背景图片的宽度为 100px（200px × 50%）、高度为 104px（130px × 80%）。

第五个 div，当使用 cover 时，整个背景图片被放大填充满整个 div。

第六个 div，有一个细节需要注意，当使用 cover 时，由于放大后的背景图片未显示在正中间，为了让背景图片放大后在正中间显示，需要在元素中设置 background-position 为 center。

经验分享

background-size: cover 配合 background-position: center 常用来制作满屏背景效果。它唯一的缺点是需要一张尺寸够大的背景图片，否则在较高分辨率下图片会失真。

只有当 background-size 属性值为默认值 auto 时，背景图片才不会失真，其他的值都有可能使背景图片失真，所以使用的时候需要慎重考虑，以免带来不良后果。

6.4.6　背景渐变

一直以来，Web 设计师都是先通过图形软件设计好渐变效果，然后以图片形式或者背景图片的形式应用到网页中，仅从页面视觉效果来说，这没什么问题。

可是这种方法比较麻烦，因为设计师要先进行设计，然后切图，再通过样式应用到页面，最主要的是在实际开发中，这样制作的页面可扩展性非常差。如果要换个颜色或调整大小就又得把前面的过程重新实现一遍，非常麻烦，还会影响网页性能。

值得庆幸的是，W3C 将渐变纳入了 CSS3 标准中，我们可以直接通过 CSS3 的渐变属性制作类似渐变图片的效果。在实际情况中，线性渐变是比较常用的，下面就以线性渐变为例介绍如何在页面中使用 CSS3 的渐变属性。

HTML5+CSS3 Web前端开发技术（任务式）（微课版）（第2版）

线性渐变是颜色沿着一条直线过渡，方向可以是从左到右、从右到左、从上到下等。使用 CSS3，指定一个渐变的方向、起始颜色、结束颜色就可以制作一个简单的、普通的渐变效果。

IE 浏览器的内核是 Trident，在写样式兼容的时候要加前缀：-ms-。

Chrome 浏览器、Safari 浏览器的内核是 Webkit，在写样式兼容的时候要加前缀：-webkit-。

Firefox 浏览器的内核是 Mozilla，在写样式兼容的时候要加前缀：-moz-。

后面还会介绍其他需要在属性前面加浏览器前缀才能获得相应支持的 CSS 属性，这些主流浏览器的前缀后续用到时将不再详细说明。

应用线性渐变属性的常规语法如下。

```
linear-gradient(position,color1，color2, ...)
```

兼容写法如下。

```
-webkit-linear-gradient(position, color1, color2, ...)
```

任务06　使用CSS3美化页面

▷ **经验分享**

CSS3 是一个一直在更新的版本，因此 CSS3 样式的兼容性并不是一成不变的，要知道 CSS3 样式是否支持兼容性写法，最好通过兼容性查询工具或网站查询其当前的兼容性。

以下代码将完成渐变的背景填充。

```html
<!DOCTYPE html>
<html>
    <head lang="en">
        <meta charset="UTF-8">
        <title>CSS3 线性渐变 </title>
        <style>
            div {
                float:left;
                width: 100px;
                height: 100px;
            }
            div:nth-child(1) {
                /*to top*/
                background: linear-gradient(to top, orange, blue);
                background: -webkit-linear-gradient(to top, orange, blue);
                /*-webkit-*/
            }
            div:nth-child(2) {
                /*to left*/
                background: linear-gradient(to left, orange, blue);
                background: -webkit-linear-gradient(to left, orange, blue);
            }
            div:nth-child(3) {
                /*to top left*/
                background: linear-gradient(to top left, orange, blue);
                background: -webkit-linear-gradient(to top left, orange, blue);
            }
```

```
            div:nth-child(4) {
                /*to bottom right*/
                background: linear-gradient(to bottom right, orange, blue);
                background: -webkit-linear-gradient(to bottom right, orange, blue);
            }
        </style>
    </head>
    <body>
        <div></div>
        <div></div>
        <div></div>
        <div></div>
    </body>
</html>
```

效果如图 6-18 所示。

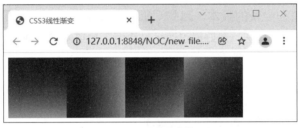

图 6-18　背景渐变效果

6.5　任务实战

任务 1：美化页面通用尾部

微课视频

美化页面
通用尾部

任务要求

（1）按照图 6-19 所示的效果对 2.5 节任务 1 制作的页面通用尾部进行美化。

（2）使用 <footer></footer> 包裹整体，将背景颜色设置为 #002752。

（3）要求版心宽度为 1080px 且水平居中，并将文字颜色设置为白色。版心居中的方式：设定要居中的元素宽度（width: 1080px;）；设定上、下外边距均为 0，左、右外边距为自动（margin: 0 auto）；设定上、下内边距均为 10px。

（4）使用超链接实现页面中的联系电话的拨号功能与详细邮箱的发邮件功能。

（5）设定图片的垂直对齐方式为中线对齐。

图 6-19　美化页面通用尾部效果

任务实施

（1）设定 <footer> 标签的相关样式。

（2）在 <footer> 标签中增加一个 <div> 标签，作为用来实现水平居中的包裹层，并设定其宽度与外边距。

（3）设定图片的垂直对齐方式。

（4）清除超链接默认的下划线。

参考代码

HTML 参考代码如下。

```html
<body>
    <!-- 尾部 -->
    <footer class="footer">
        <div class="footer__wrapper">
            <p class="footer__info">
                公司地址：xx 省 xxx 市 xx 街 xx 号 <br>
                联系电话：<a class="footer__info__a" href="tel://xxxx-xxxxxxxx">xxxx-xxxxxxxx</a><br>
                详细邮箱：<a class="footer__info__a" href="mailto://xxxxx@xxx.xxx">xxxxx@xxx.xxx</a><br>
            </p>
            <p class="footer__info">
                <img class="footer__info__img" src="./src/images/footer-logo-1.png" width="90" height="30">
                <img class="footer__info__img" src="./src/images/footer-logo-2.jpg" width="90" height="30">
            </p>
            <p>Copyright &copy;2020</p>
        </div>
    </footer>
</body>
```

CSS 参考代码如下。

```css
.footer {
    background-color: #002752;
    color: white;
}
/* 实现水平居中 */
.footer__wrapper {
    width: 1080px;
    margin: 0 auto;
    padding: 10px 0;
}
.footer__info {
    margin: 0px;
    padding: 0px;
    line-height: 1.5em;
}
.footer__info__a{
    text-decoration: none;
    color: white;
}
.foote__info__img {
    vertical-align: middle;
    margin-left: 10px;
    margin-right: 10px;
}
```

任务 2：美化页面通用头部

任务要求

（1）按照图 6-20 所示的效果对 2.5 节任务 2 制作的页面通用头部进行美化。

微课视频

美化页面
通用头部

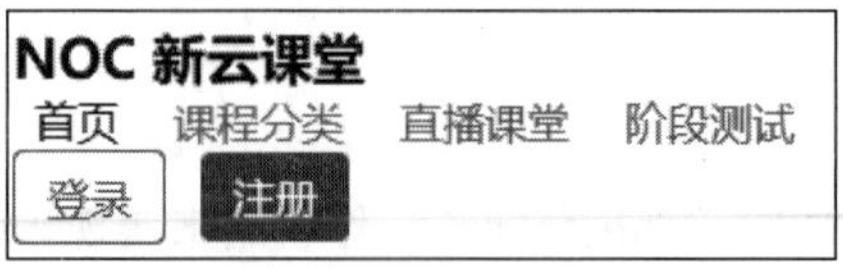

图 6-20　美化页面通用头部效果

（2）设定网站 Logo 部分的字体大小为 20px，且字体加粗。

（3）设定导航部分的文字内容字体大小为 16px、颜色为 #888888，设定当前页面对应的导航按钮（图 6-20 中为"首页"）的字体颜色为 #000000。

（4）"登录""注册"按钮具有 4px 的圆角（border-radius: 4px;），字体大小为 16px，特性为行内块状元素。

（5）设定"登录"按钮：背景颜色为白色，字体颜色为 #007bff；边框 1px 宽，直线类型，颜色为 #007bff；鼠标指针悬停时，背景颜色为 #007bff，字体颜色为 #ffffff。

（6）设定"注册"按钮：背景颜色为 #2a8745，字体颜色为 #ffffff；鼠标指针悬停时，背景颜色为白色，字体颜色为 #2a8745。

任务实施

（1）使用 2.5 节任务 2 已完成的页面通用头部代码作为 HTML 文件的内容。

（2）从左至右分别对网站 Logo、导航和"登录""注册"按钮部分进行文字、背景颜色等样式的设定。

参考代码

HTML 参考代码如下。

```
<!DOCTYPE html>
<html>
    <head>
        <meta charset="utf-8">
        <title></title>
        <link rel="stylesheet" href="./css/header.css">
    </head>
    <body>
        <header class="header">
            <h1 class="logo">NOC 新云课堂 </h1>
            <nav class="nav">
                <a class="nav-item nav-active" href="#"> 首页 </a>
                <a class="nav-item" href="#"> 课程分类 </a>
                <a class="nav-item" href="#"> 直播课堂 </a>
                <a class="nav-item" href="#"> 阶段测试 </a>
            </nav>
            <div class="header-right">
                <a class="btn-login" href="#"> 登录 </a>
                <a class="btn-reg" href="#"> 注册 </a>
            </div>
```

HTML5+CSS3 Web前端开发技术（任务式）（微课版）（第2版）

```
        </header>
    </body>
</html>
```

CSS 参考代码如下。

```
.header{
    padding: 8px;
    height: 40px;
    background-color: #ffffff;
}
.logo{
    font-size: 20px;
    font-weight: bold;
}
.nav-item{
    padding: 8px;
    font-size: 16px;
    color: #888888;
    text-decoration: none;
}
.nav-active{
    color: #000000;
}
.header-right a{
    padding: 6px 12px;
    display: inline-block;
    font-size: 16px;
```

```
    border-radius: 4px;
    text-decoration: none;
}
.btn-login{
    border: 1px solid #007bff;
    color: #007bff;
    margin-right: 8px;
}
.btn-login:hover{
    background-color: #007bff;
    color: #ffffff;
}
.btn-reg{
    border: 1px solid #2a8745;
    background-color: #2a8745;
    color: #ffffff;
}
.btn-reg:hover{
    background-color: #ffffff;
    color: #2a8745;
}
```

任务 3：美化课程播放页面中的"课程资料"表格

微课视频

美化"课程资料"表格

任务要求

（1）对 5.5 节任务 2 完成的课程播放页面中的"课程资料"表格进行美化，实现图 6-21 所示的效果。

（2）表格的宽度为 900px。

（3）表格标题的背景颜色为 #eeeeee 且标题字体加粗。

（4）表头的背景颜色为 #aaaaaa。

（5）表格主体、表格尾部的背景颜色为粉色（pink）。

（6）将表格中所有的超链接都设定为绿色（green），且无下划线。

（7）表格主体部分第 2、3 列内容和表格尾部内容水平居中。

课程资料		
名称	类型	获取
教案	docx	下载
HTML5手册		访问
腾讯软件中心		访问
新云资源库		

图 6-21 "课程资料"表格美化效果

任务实施

（1）将 HTML 代码中的 <table> 标签的 border 属性与 width 属性去除，用 CSS 样式指定。

（2）在 CSS 中将 <table> 标签的 width 属性设为 900px。

（3）依次完成对应样式的修改。

（4）表格主体部分第 2、3 列内容和表格尾部内容通过结构伪类选择器进行选择和样式修改。

参考代码

HTML 参考代码如下。

```html
<body>
    <!-- 学习资料区域 -->
    <table class="class__table">
        <caption class="class__table__caption"> 课程资料 </caption>
        <thead>
            <tr>
                <th> 名称 </th>
                <th> 类型 </th>
                <th> 获取 </th>
            </tr>
        </thead>
        <tbody>
            <tr>
                <td> 教案 </td>
                <td>docx</td>
                <td><a href="#"> 下载 </a></td>
            </tr>
            <tr>
                <td>HTML5 手册 </td>
                <td></td>
                <td><a href=" 对应网址 " target="_blank"> 访问 </a></td>
            </tr>
            <tr>
                <td> 腾讯软件中心 </td>
                <td></td>
                <td><a href=" 对应网址 " target="_blank"> 访问 </a></td>
            </tr>
        </tbody>
        <tfoot>
            <tr>
                <td colspan="3"><a href="#"> 新云资源库 </a></td>
            </tr>
        </tfoot>
    </table>
</body>
```

CSS 参考代码如下。

```
/* 课程资料区域 */
.class__table {
    width: 900px;
}
.class__table__caption {
    background-color: #eeeeee;
    font-weight: bold;
}
.class__table>thead>tr>th{
    background-color: #aaaaaa;
}
.class__table tr>td{
    background-color: pink;
}
.class__table tr>td a{
    color: green;
}
/* 设定内容居中 */
td:nth-child(2),
td:nth-child(3),
.class__table>tfoot>tr>td {
    text-align: center;
}
```

任务 4：制作课程推荐页面“更多好课”部分

微课视频

制作课程推荐页面“更多好课”部分

任务要求

（1）按照图 6-22 所示的效果制作“新云课堂”课程推荐页面“更多好课”部分。

（2）对应的 CSS 代码在 css 目录下的 more.css 文件中完成，并在 index.html 文件中引入。

（3）设定整个区域的背景颜色为 #f5f5f5。

（4）图片以背景图片的方式加入，设置高度为 60px，宽度自动适配，水平居中，背景图片大小自动，不重复。

（5）设定文本内容颜色为 #999999，字体加粗，字体大小为 16px，行高为 16px，水平居中。

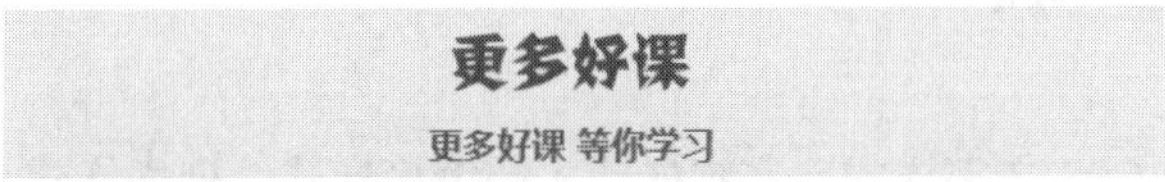

图 6-22　课程推荐页面“更多好课”部分效果

任务实施

（1）根据效果完成 HTML 文件的代码，新建 more.css 文件。

（2）在 index.html 文件中引入 more.css 文件。

（3）设定整个区域的背景颜色。

（4）对图片区域进行样式修改，并通过背景定位方式使图片水平居中。

（5）对文本区域进行样式修改，并通过文本对齐方式使文字内容水平居中。

参考代码

index.html 文件部分参考代码如下。

```
<!DOCTYPE html>
<html>
    <head>
        <meta charset="UTF-8">
        <title></title>
```

```
                <link rel="stylesheet" href="./css/more.css">
        </head>
        <body>
            <section class="more">
                <div class="wrap-960">
                    <div class="more-bg"></div>
                    <div class="more-t"> 更多好课 等你学习 </div>
                </div>
            </section>
        </body>
</html>
```

more.css 文件中部分代码如下。

```
.more {                                              opacity: 0.8;
    background-color: #f5f5f5;                  }
    padding: 0px 20px 10px;                     .more-t {
}                                                    text-align: center;
.more-bg {                                           width: 100%;
    width: 100%;                                     height: 16px;
    height: 60px;                                    line-height: 16px;
    background-image: url(../src/images/more.png);   font-size: 16px;
    background-size: auto;                           font-weight: bold;
    background-position: center;                     color: #999999;
    background-repeat: no-repeat;               }
```

6.6　任务小结

　　本任务主要讲解了 CSS 文字样式、文本样式、超链接样式、列表样式、背景样式的设置方法，并且完成了新云课堂项目页面通用尾部、页面通用头部、"课程资料"表格和课程推荐部分的美化。

　　通过对本任务的学习，读者应该熟练掌握 CSS 常用文字样式和文本样式的属性设置方法，并能够使用 CSS 对页面文字元素进行美化。

6.7　知识巩固

　　（1）在 CSS 中，用于设置首行文本缩进的属性是（　　）。

　　　　A. text-decoration　　B. text-align　　　　C. text-transform　　　　D. text-indent

　　（2）（多选）text-decoration 属性用于文本修饰，用来设置文本的下划线等修饰效果，其可用属性值有（　　）。

　　　　A. none　　　　　　B. underline　　　　　C. overline　　　　　　D. line-through

　　（3）color 属性用于定义文本的颜色，以下写法正确的是（　　）。

　　　　A. h2{color:red;}　　B. h2{color:"red";}　　C. h2{color:"#ff6600";}　　D. h2{color:#ff6600;}

6.8 任务拓展

完成新店电商平台首页通用页尾部分的制作和文字段落的美化。

任务要求

按照图 6-23 所示的效果制作新店电商平台首页通用页尾部分并进行文字段落的美化。

冀ICP备1234567890号｜违法和不良信息举报电话：40012345678｜冀公网安备 1301234567890号｜友情链接｜出版物经营许可证｜增值电信业务经营许可证

Copyright© 新店网上超市 2000-2020, All Rights Reserved

图 6-23　任务拓展效果

任务实施

（1）生成一个用来包裹该区域的 <div> 标签，后面将使用该 <div> 标签进行布局。

（2）从上向下依次完成页面内容，分别使用 3 个 <p> 标签来作为文字链接与图片链接所占的 3 行。

（3）每一行中文字的字体大小为 12px，文字上下方向有 1px 的外边距，文字内容中的空格使用实体字符完成，每一行的内容水平居中，行高为 100%。

（4）第一行文字的颜色为 #333333，部分文字内容需要使用超链接包裹，链接目标地址写 "#" 即可，其中电话内容的链接使用功能性链接实现电话拨号的功能（简便的方式是先完成文字内容再添加超链接标签，其他链接相同）。

（5）第二行文字的颜色为 #666666，版权符号使用实体字符完成。

（6）第三行内包含 4 张图片，使用 <img/> 标签完成，需要指定宽度为 90px、高度为 30px（第二张图的 <img/> 标签高度为 31px），所有图片具有 5px 左、右外边距，20px 下外边距。

（7）第三行图片使用超链接包裹。

（8）清除掉 <a> 标签文字 4 种状态的默认样式，跟随上面的设置。

参考代码

HTML 部分代码如下所示。

```
<div class="footer-3">
    <p>冀 ICP 备 1234567890 号  |  违法和不良信息举报电话： <a href="tel:40012345678">40012345678</a> |  冀公网安备  <a href="#">1301234567890 号 </a> | <a href="#"> 友情链接 </a> | <a href="#"> 出版物经营许可证 </a> | <a href="#"> 增值电信业务经营许可证 </a></p>
    <p>Copyright&copy; 新店网上超市 2000-2020，All Rights Reserved</p>
    <p>
        <a href="#"><img src="./src/footer1.jpg" width="90" height="30" /></a>
        <a href="#"><img src="./src/footer2.jpg" width="90" height="31" /></a>
        <a href="#"><img src="./src/footer3.jpg" width="90" height="30" /></a>
        <a href="#"><img src="./src/footer4.jpg" width="90" height="30" /></a>
    </p>
```

```
</div>
```

CSS 部分代码如下所示。

```
.footer-3>p{
    text-align: center;
    color: #333333;
}
.footer-3>p:nth-of-type(2){
    color: #666666;
    margin: 1em 0;
}
.footer-3>p>img{
    margin: 0 5px 20px;
}
```

任务

使用盒子模型布局页面

07

7.1　任务概述

　　盒子模型是 CSS 用来控制页面的一个重要工具，是 div 布局页面的重要组成部分。本任务将介绍盒子模型的基本概念，通过设置盒子模型的边框、内边距、外边距、圆角效果和盒子阴影效果等属性，美化课程播放页面"视频列表"列表、用户登录页面和用户注册页面。

　　本任务可通过团队合作，创新地组合不同属性，探索获得最佳页面展示效果的过程。在此过程中要不断测试并修改网页作品，要有精益求精、勇于探索的精神。

7.2　任务目标

素质目标

（1）培养学生团队合作和勇于探索的精神。

（2）培养学生不断创新、精益求精的工匠精神。

知识目标

（1）了解 CSS 中盒子模型的结构与特点。

（2）了解盒子模型的尺寸计算。

（3）了解 CSS 中两种标准的盒子模型。

技能目标

（1）熟练使用盒子模型进行常规页面布局。

（2）熟练使用盒子模型进行块状元素水平居中布局。

（3）熟练地进行圆角边框的头像制作。

（4）掌握通过边框阴影增加立体效果的方法。

7.3 知识图谱

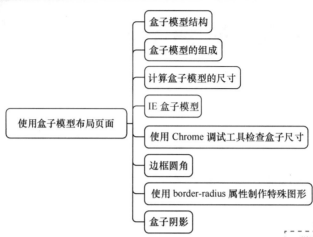

7.4 任务准备

7.4.1 盒子模型结构

CSS 基础框盒模型是 CSS 的一个模块，它定义了一种长方形的盒子——包括它们各自的内边距与外边距，并根据视觉格式化模型来生成元素，对其进行布置、编排、布局（Layout）。它常被直译为盒子模型、盒模型或框模型。CSS 盒子模型（Box Model）就是在网页设计中经常用到的 CSS 技术所使用的一种思维模型。

所有 HTML 元素都可以看作盒子，在 CSS 中，盒子模型这一术语是在设计和布局时使用的。CSS 盒子模型本质上是一个盒子，封装周围的 HTML 元素，它包括外边距、边框、内边距和实际内容。盒子模型允许我们在其他元素和周围元素边框之间的空间放置元素。

7.4.2 盒子模型的组成

图 7-1 所示的 W3C 标准盒子模型由以下 4 部分构成。

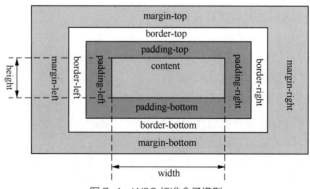

图 7-1 W3C 标准盒子模型

内容区域（content）：位于最中间，网页的主要显示内容。

边框（border）：位于内边距外面，如果没有内边距就是包含内容的外框，它一般具有一定的厚度。

外边距（margin）：位于边框外部空隙，是边框外面周围其他盒子的距离，通常是与其他元素的外边距的距离。

内边距（padding）：位于边框内部的空隙，是内容与边框的距离，也叫作填充。

1. 边框

边框有 3 个属性，分别是 color（颜色）、width（粗细）和 style（样式）。在网页中设置边框样式时，常常需要将这 3 个属性配合使用才能实现良好的页面效果。在使用 CSS 设置边框的时候，分别使用 border-color、border-width 和 border-style 属性设置边框的颜色、粗细和样式。

动画
边框

border-color 属性的设置方法与文本的 color 属性或 background-color 属性的设置方法完全一样，通常使用十六进制数表示边框的颜色，如红色为 #ff0000，也可以使用 rgba() 来表示颜色，这里不再具体说明。

盒子模型是一个矩形，因此盒子模型分为上、下、左、右 4 个边框，可以按上、右、下、左的顺序来设置 4 个边框的颜色，也可以采用简写方式同时设置 4 个边框的颜色。border-color 属性及说明见表 7-1。

表7-1　border-color属性及说明

属性	说明
border-top-color	设置上边框颜色为 #ff0000 border-top-color: #ff0000;
border-right-color	设置右边框颜色为 #ff0000 border-right-color: #ff0000;
border-bottom-color	设置下边框颜色为 #ff0000 border-bottom-color: #ff0000;
border-left -color	设置左边框颜色为 #ff0000 border-left-color: #ff0000;
border-color	设置 4 个边框颜色均为 #ff0000 border-color: #ff0000;
	设置上、下边框颜色为 #336699，左、右边框颜色为 #000000 border-color: #369 #000000;
	设置上边框颜色为 #112233，左、右边框颜色为 #445566，下边框颜色为 #778899 border-color: #112233 #445566 #778899;

border-width 属性用来设定 border 的粗细程度，也就是边框宽度。它的值可以是 thin、medium、thick 或像素值。由于使用 thin、medium、thick 进行边框宽度的设定不直观也不灵活，所以几乎不会在开发中使用。通常使用像素值进行边框宽度的设定，并且同样可以单独设定 4 个边框的宽度或采用简写的形式。盒子模型的 border-width 属性及说明见表 7-2。

表7-2 border-width属性及说明

属性	说明
border-top-width	设置上边框粗细为5px border-top-width: 5px;
border-right-width	设置右边框粗细为10px border-right-width: 10px;
border-bottom-width	设置下边框粗细为8px border-bottom-width: 8px;
border-left-width	设置左边框粗细为22px border-left-width: 22px;
border-width	设置4个边框粗细均为5px border-width: 5px;
	设置上、下边框粗细为20px，左、右边框粗细为2px border-width: 20px 2px;
	设置上边框粗细为5px，左、右边框粗细为1px，下边框粗细为6px border-width: 5px 1px 6px;
	设置上、右、下、左边框粗细分别为1px、3px、5px、2px border-width: 1px 3px 5px 2px;

border-style 属性用来设定边框的样式，其值有 none（无边框）、solid（实线）、dashed（虚线）、dotted（点线）、double（双线）等，但是在实际开发中，很少使用除了 solid 之外的边框样式。border-style 属性同样可以单独设定 4 个边，也支持简写形式，见表 7-3。

表7-3 border-style属性及说明

属性	说明
border-top-style	设置上边框为实线 border-top-style: solid;
border-right-style	设置右边框为实线 border-right-style: solid;
border-bottom-style	设置下边框为实线 border-bottom-style: solid;
border-left-style	设置左边框为实线 border-left-style: solid;
border-style	设置4个边框均为实线 border-style: solid;
	设置上、下边框为实线，左、右边框为点线 border-style: solid dotted;
	设置上边框为实线，左、右边框为点线，下边框为虚线 border-style: solid dotted dashed;
	设置上、右、下、左边框分别为实线、点线、虚线、双线 border-style: solid dotted dashed double;

以上是单独为边框设定颜色、粗细与样式，也可一次性为一边或全部边同时设定颜色、粗细与样式，见表 7-4。

表7-4　一次性为一边或全部边同时设定颜色、粗细与样式

属性	说明
border-top	设置上边框粗细为5px，样式为实线，颜色为 #ff0000 border-top: 5px solid #ff0000;
border-right	设置右边框粗细为5px，样式为实线，颜色为 #ff0000 border-right: 5px solid #ff0000;
border-bottom	设置下边框粗细为5px，样式为实线，颜色为 #ff0000 border-bottom: 5px solid #ff0000;
border-left	设置左边框粗细为5px，样式为实线，颜色为 #ff0000 border-left: 5px solid #ff0000;
border	设置所有的边框的粗细为5px，样式为实线，颜色为 #ff0000 border: 5px solid #ff0000;

▷ 经验分享

同时设置 border 的 3 个属性时，对 border-color、border-width、border-style 属性的顺序没有限制，可以按任意顺序设置，通常采用粗细、样式、颜色的顺序。

2. 外边距

外边距位于盒子边框外，指与其他盒子之间的距离，也就是指网页中元素与元素之间的距离。设置外边距是进行周边元素之间的间隔设定最方便的方式，但是要注意，这种方式不能滥用，否则会导致页面布局混乱，后期维护困难。一般只有在一两个元素与周边的元素有明确的距离间隔时，才会优先使用外边距进行调整。

动画
外边距

外边距属性的值通常使用像素值、百分比等，在实际开发中常常使用像素值，接下来仅以像素值进行设定。外边距属性和边框属性一样，同样分为上、右、下、左 4 个方向，同样也支持统一设定的简写方式，见表 7-5。

表7-5　外边距属性及说明

属性	说明
margin-top	设置上外边距为20px margin-top: 20px;
margin-right	设置右外边距为20px margin-right: 20px;
margin-bottom	设置下外边距为20px margin-bottom: 20px;
margin-left	设置左外边距为20px margin-left: 20px;
margin	设置上、右、下、左外边距均为20px margin: 20px;
	设置上、下外边距为20px，左、右外边距为10px margin: 20px 10px;
	设置上外边距为10px，左、右外边距为20px，下外边距为30px margin: 10px 20px 30px;
	设置上、右、下、左外边距分别为10px、20px、30px、40px margin: 10px 20px 30px 40px;

外边距有一个非常特殊的现象——外边距吞噬。

当两个元素上下相邻时，如果上方元素的下外边距与下方元素的上外边距接触，两个元素之间的距离并不是两个外边距之和，而是两者中较大的值。可以理解为在垂直方向上大的外边距吞噬了小的相邻外边距。注意，这种情况只发生在垂直方向上。

3. 盒子模型外边距高级用法

盒子模型外边距不仅能够实现简单的周围边距设定，它还有一个更重要的用途——使块状元素水平居中。下面让一张图片在页面上水平居中。

代码如下。

```
<!DOCTYPE html>
<html>
    <head>
        <title> 外边距 --- 块状元素水平居中 </title>
        <style>
            div{
                background-color: #eee;
            }
            img {
                /* 将 img 转换为块状特性 */
                display: block;
                margin: 0 auto;
            }
        </style>
    </head>
    <body>
        <div>
            <img src="./1.jpg" width="200px" height="200px">
        </div>
    </body>
</html>
```

效果如图 7-2 所示。

实现方法很简单，只要满足如下条件即可。

（1）要水平居中的元素是块状元素或者能够被转换成块状元素。

（2）需要设定左、右边外边距同时为 auto，auto 表示自动适应空余空间，当两边都为自动适应时，会自动平分所在行内的空间，自然就形成了水平居中的效果。

图 7-2　块状元素水平居中效果

4. 内边距

　　内边距与外边距相对应，用于控制内容与边框之间的距离，以便精确控制内容在盒子中的位置。内边距也叫作内填充区域。内边距与外边距一样也分为上、右、下、左 4 个方向，设置方式和设置顺序也基本相同。内边距属性及说明见表 7-6。

表7-6　内边距属性及说明

属性	说明
padding-left	设置左内边距为 10px padding-left: 10px;
padding-right	设置右内边距为 5px padding-right: 5px;
padding-top	设置上内边距为 20px padding-top: 20px;
padding-bottom	设置下内边距为 8px padding-bottom: 8px;
padding	设置上、右、下、左内边距分别为 10px、5px、8px、20px padding: 10px 5px 8px 20px;
	设置上、下内边距为 10px，左、右内边距为 5px padding: 10px 5px;
	设置上内边距为 30px，左、右内边距为 8px，下内边距为 10px padding: 30px 8px 10px;
	设置上、右、下、左内边距均为 10px padding: 10px;

7.4.3　计算盒子模型的尺寸

动画

盒子模型的尺寸

　　内容区域是元素所包含的内容所在的区域，默认情况下由所包含内容的大小来决定内容区域的宽、高；也可以通过 width、height 属性指定内容区域的宽、高。增加边框的宽度、内边距和外边距不会影响内容区域的尺寸，但是会增加盒子模型的总尺寸。

　　盒子模型的尺寸对于页面布局和盒子模型的计算十分重要。在 W3C 标准盒子模型中，我们将包含外边距、边框、内边距与内容区域的盒子模型称作完整盒子，元素宽度为内容宽度。由此有如下公式。

$$完整盒子的宽 = 左外边距 + 左边框粗细 + 左内边距 + 元素宽度 +$$
$$右内边距 + 右边框粗细 + 右外边距$$
$$完整盒子的高 = 上外边距 + 上边框粗细 + 上内边距 + 元素高度 +$$
$$下内边距 + 下边框粗细 + 下外边距$$

7.4.4　IE 盒子模型

　　以上涉及的盒子模型是 W3C 标准盒子模型，但是 IE 浏览器并不是以标准盒子模型为标准，而是以 IE 盒子模型为标准，如图 7-3 所示。

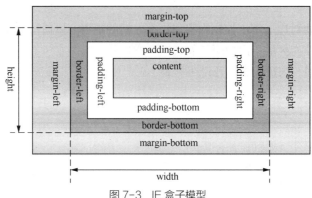

图 7-3　IE 盒子模型

将 IE 盒子模型与 W3C 标准盒子模型进行对比，可以发现两者的区别在于 IE 盒子模型的元素宽度 / 高度并不是内容宽度 / 高度，而是内容宽度 / 高度 + 左右 / 上下内边距 + 左右 / 上下边框宽度。IE 盒子模型并非只在 IE 浏览器中存在，在 Chrome 浏览器中，可通过设定 box-sizing 属性将指定元素的盒子模型从 W3C 标准盒子模型转换为 IE 盒子模型。box-sizing 属性值及说明见表 7-7。

表7-7　box-sizing属性值及说明

属性值	说明
content-box	设定元素为 W3C 标准盒子模型 box-sizing: content-box;
border-box	设定元素为 IE 盒子模型 box-sizing: border-box;

IE 盒子模型的尺寸计算公式如下。

$$IE\ 盒子模型完整的宽 = 左外边距 + 元素宽度 + 右外边距$$
$$元素宽度 = 左边框粗细 + 左内边距 + 内容宽度 + 右内边距 + 右边框粗细$$
$$IE\ 盒子模型完整的高 = 上外边距 + 元素高度 + 下外边距$$
$$元素高度 = 上边框粗细 + 上内边距 + 内容高度 + 下内边距 + 下边框粗细$$

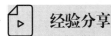

经验分享

两种盒子模型都十分重要，并不是只有 W3C 标准盒子模型会用到。在一些情况下，如元素的内容宽、高不确定，而元素的完整盒子宽、高需要确定时，使用 W3C 标准盒子模型就需要计算每个部分的宽、高，如果内容宽、高有变化，就需要调整对应的内边距或边框粗细去适应对应的变化。而如果使用 IE 盒子模型，则只需要指定元素宽、高即可，内边距的宽、高会自动调整，使"元素宽度 / 高度 = 内容宽度 / 高度 + 左右 / 上下内边距 + 左右 / 上下边框粗细"这一公式成立。

7.4.5　使用 Chrome 调试工具检查盒子尺寸

盒子的尺寸需要大量的人工计算来确定，为了提高开发和调试效率，可以使用浏览器的调试工具快速检查盒子尺寸。

在已打开的 Chrome 页面中，按【F12】键调出开发者工具界面，如图 7-4 所示。单击界面中的🔲按钮，然后在页面中或者 HTML 代码中选中要检查的元素内容。

图 7-4　开发者工具界面

在开发者工具界面中单击"Computed"分页栏就可以快速检查盒子模型的相关尺寸，如图 7-5 所示。

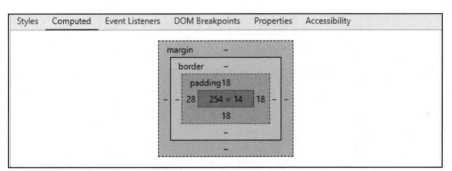

图 7-5　使用开发者工具快速检查盒子模型的相关尺寸

经验分享

在图 7-5 所示的界面中，"Styles"分页栏和"Computed"分页栏都可以显示对应元素的样式内容，不同的是："Styles"分页栏中显示的是原始的样式内容，并且盒子模型结构图显示在最下方；"Computed"分页栏中显示的是最终生效的样式内容，并且盒子模型结构图显示在最上方。

7.4.6　边框圆角

在页面中由盒子模型构成的相邻边框的夹角默认是直角。为了改变这种单调的样式，在 CSS3 出现之前的开发都是通过引入内容包含圆角的图片来表现圆角边框的。

动画

边框圆角

示例如下。

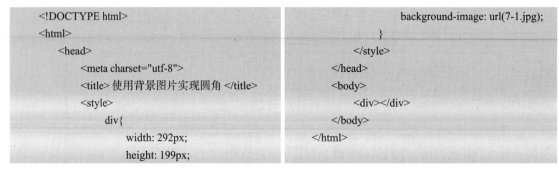

```
<!DOCTYPE html>                              background-image: url(7-1.jpg);
<html>                                       }
    <head>                              </style>
        <meta charset="utf-8">        </head>
        <title> 使用背景图片实现圆角 </title>   <body>
        <style>                          <div></div>
            div{                      </body>
                width: 292px;        </html>
                height: 199px;
```

效果如图 7-6 所示。

图 7-6　通过图片引入圆角边框效果

但是随之而来的问题就是，提供的图片与实际元素的大小不一定匹配，可能需要使用作图工具根据使用情况进行调整，因此引用图片不能灵活适应页面，而且会造成网络资源的浪费。所以 CSS3 标准提出了一个 border-radius（圆角）属性来专门解决这一问题，语法如下。

border-radius: 圆角 x 轴水平半径值 圆角 y 轴垂直半径值；

如果 x、y 轴半径值相同，可以简写为如下形式。

border-radius: 圆角半径值；

圆角半径值常用像素值或者百分比表示。其中百分比的参考依据是所对应的边框长度。

border-radius 属性的简写方式与边框属性的简写方式类似，4 个角的顺序为左上、右上、右下、左下。border-radius 属性及说明见表 7-8。

表7-8　border-radius属性及说明

属性	说明
border-left-top-radius	设置左上角圆角 x 轴水平半径为上边框长度的 50%，y 轴垂直半径为左边框长度的 50% border-left-top-radius: 50%;
border-right-top-radius	设置右上角圆角 x 轴水平半径为 20px，y 轴垂直半径为 30px border-right-top-radius: 20px 30px;
border-bottom-left-radius	设置左下角圆角 x 轴水平半径为下边框长度的 50%，y 轴垂直半径为左边框长度的 50% border-bottom-left-radius: 50%;
border-bottom-right-radius	设置右下角圆角 x 轴水平半径为 20px，y 轴垂直半径为 30px border-bottom-right-radius: 20px 30px;

属性	说明
border-radius	设置左上角、右上角、右下角、左下角圆角半径分别为 10px、20px、30px、40px border-radius: 10px 20px 30px 40px;
	设置左上角、右下角圆角半径为 20px，右上角、左下角圆角半径为 10px border-radius: 20px 10px;
	设置左上角圆角半径为 10px，左下角、右上角圆角半径为 20px，右下角圆角半径为 30px border-radius: 10px 20px 30px;
	设置左上角、右上角、右下角、左下角圆角半径均为 20px border-radius: 20px;

7.4.7　使用 border-radius 属性制作特殊图形

利用 border-radius 属性除了可以实现元素的圆角效果外，还可以制作一些特殊图形，如圆形、半圆形、扇形等。

1. 制作圆形

利用 border-radius 属性制作圆形时，元素的原始宽、高相等，即元素为正方形元素，设定圆角半径为元素宽、高值的一半或者直接以百分比表示，即设置为 50%。使用百分比表示方式更加灵活，元素的宽、高变化都不会影响圆形的效果。

示例如下。

```
<!DOCTYPE html>
<html>
    <head>
        <meta charset="utf-8">
        <title> 使用 border-radius 制作圆形 </title>
        <style>
            div{
                width: 200px;
                height: 200px;
                background-color: #f00;
                border-radius: 50%;
            }
        </style>
    </head>
    <body>
        <div></div>
    </body>
</html>
```

效果如图 7-7 所示。

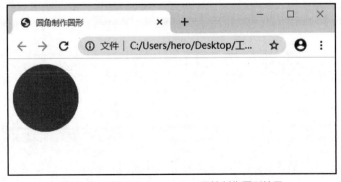

图 7-7　利用 border-radius 属性制作圆形效果

2. 制作半圆形

利用 border-radius 属性制作上半圆或下半圆时，元素的宽度是高度的两倍，而且圆角半径为元素的高度值；制作左半圆或右半圆时，元素的高度是宽度的两倍，而且圆角半径为元素的宽度值。

示例如下。

```
<!DOCTYPE html>
<html>
<head>
    <meta charset="utf-8">
    <title> 使用 border-radius 制作半圆形 </title>
    <style>
        div {
            background: red;
            margin: 30px;
        }
        div:nth-of-type(1) {
            width: 100px;
            height: 50px;
            border-radius: 50px 50px 0 0;
        }
        div:nth-of-type(2) {
            width: 100px;
            height: 50px;
            border-radius: 0 0 50px 50px;
        }
        div:nth-of-type(3) {
            width: 50px;
            height: 100px;
            border-radius: 0 50px 50px 0;
        }
        div:nth-of-type(4) {
            width: 50px;
            height: 100px;
            border-radius: 50px 0 0 50px;
        }
    </style>
</head>
<body>
    <div></div>
    <div></div>
    <div></div>
    <div></div>
</body>
</html>
```

效果如图 7-8 所示。

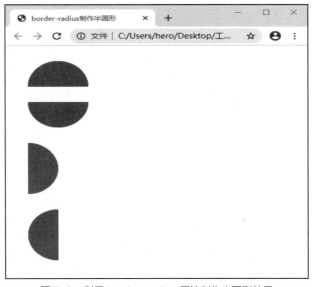

图 7-8　利用 border-radius 属性制作半圆形效果

3. 制作扇形

利用 border-radius 属性制作扇形时遵循"三同，一不同"原则，"三同"是指元素宽度、高度、圆角半径相同，"一不同"是指圆角取值位置不同。根据圆角取值位置的不同，可以制作出左上、右上、右下、左下的扇形。

示例如下。

```
<!DOCTYPE html>
<html>
<head>
    <meta charset="utf-8">
    <title> 使用 border-radius 制作扇形 </title>
    <style>
        div {
            background: red;
            margin: 30px;
        }
        div:nth-of-type(1) {
            width: 50px;
            height: 50px;
            border-radius: 50px 0 0 0;
        }
        div:nth-of-type(2) {
            width: 50px;
            height: 50px;
            border-radius: 0 50px 0 0;
        }
```

```
        div:nth-of-type(3) {
            width: 50px;
            height: 50px;
            border-radius: 0 0 50px 0;
        }
        div:nth-of-type(4) {
            width: 50px;
            height: 50px;
            border-radius: 0 0 0 50px;
        }
    </style>
</head>
<body>
    <div></div>
    <div></div>
    <div></div>
    <div></div>
</body>
</html>
```

效果如图 7-9 所示。

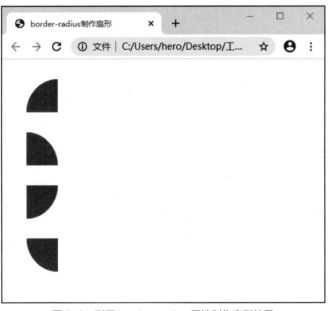

图 7-9　利用 border-radius 属性制作扇形效果

7.4.8　盒子阴影

box-shadow（盒子阴影）属性也是 CSS3 新增的一个重要属性，用来定义元素的盒子阴影。box-shadow 属性及说明见表 7-9。

表7-9 box-shadow属性及说明

属性	说明
inset	阴影类型，可选属性。如果不设置，默认的投影方式是外阴影；如果设置了 inset，表示是内阴影
x-offset	x 轴位移，用来指定阴影水平偏移量，其值可以是正值，也可以是负值，如果为正值，阴影在对象的右边，反之阴影在对象的左边
y-offset	y 轴位移，用来指定阴影垂直偏移量，其值可以是正值，也可以是负值，如果为正值，阴影在对象的底部，反之阴影在对象的顶部
blur-radius	阴影模糊半径，代表阴影向外模糊的模糊范围。值越大阴影向外模糊的范围越大，阴影的边缘就越模糊。这个值只能是非负值，如果为 0，表示不具有模糊效果。该属性是可选属性
spread	阴影大小，用于设定阴影的宽度
color	阴影颜色，定义绘制阴影时所使用的颜色。阴影颜色可以用十六进制数、rgb()、rgba() 等方式表示。不写这个值会用浏览器的默认颜色代替，由于不同浏览器默认颜色不一样，因此建议不要省略这个值

在一条语句中同时设置多个 box-shadow 属性值的顺序为阴影类型、水平偏移、垂直偏移、阴影模糊半径、阴影大小、阴影颜色，语法如下。

```
box-shadow: inset x-offset y-offset blur-radius spread color;
```

通过一个案例来看看具体的效果。

代码如下。

```
<!DOCTYPE html>
<html>
<head>
    <meta charset="utf-8">
    <title>box-shadow 的使用 </title>
    <style>
        div{
            width: 100px;
            height: 100px;
            border: 1px solid red;
            border-radius: 8px;
            margin: 20px;
            /* 设定阴影，依次匹配水平偏移、垂直偏移、阴影模糊半径、阴影大小、阴影颜色：
默认外阴影 水平向右偏移 20px 垂直向下偏移 10px 阴影模糊半径为 10px 阴影大小为默认值 阴影颜色为 #06c */
            box-shadow: 20px 10px 10px #06c;
        }
    </style>
</head>
<body>
    <div></div>
</body>
</html>
```

效果如图 7-10 所示。

图 7-10 盒子阴影效果

7.5 任务实战

微课视频

美化课程播放
页面中的"视
频列表"列表

任务 1：美化课程播放页面中的"视频列表"列表

任务要求

（1）按照图 7-11 所示的效果对 5.5 节任务 2 制作的课程播放页面中的"视频列表"列表进行美化。

（2）"视频列表"文本标题水平居中，增加下边框（border: 1px solid #aaa）。

（3）视频列表区域的背景颜色为 #eeeeee、宽度为 1080px，四角设定 10px 的边框圆角效果。

（4）ol 元素宽度为 1080px。

（5）设定每个链接的 li 元素的背景颜色为 #ffffff、宽度为 220px、高度为自动、内边距为 10px（padding: 10px）、外边距为 4px（margin: 4px），边框粗细为 2px、线型为直线、颜色为 #aaaaaa，无下划线，字体颜色为 orange。

（6）为播放中的对应链接添加下划线，并设定颜色为 red。

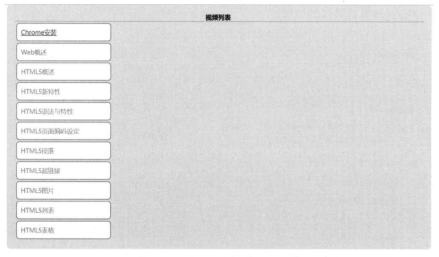

图 7-11　美化课程播放页面中的"视频列表"列表效果

任务实施

（1）对已完成的课程播放页面"视频列表"列表内容进行备份并修改。

（2）引入 base.css、class_list.css 文件。

（3）设定视频列表区域的背景颜色及宽度样式。

（4）设定有序列表的宽度，并确保 base.css 中进行了 text-decoration:none 方式的列表样式清除。

（5）设定每个视频单元的相关样式。

参考代码

HTML 文件部分代码如下。

```
<!DOCTYPE html>
```

```
<html>
    <head>
        <meta charset="UTF-8">
        <title></title>
        <link rel="stylesheet" href="./css/base.css">
        <link rel="stylesheet" href="./css/class_list.css">
    </head>
    <body>
        <!-- 视频列表 -->
        <section class="links">
            <h4> 视频列表 </h4>
            <ol>
                <li><a href="#" class="playing">Chrome 安装 </a></li>
                <li><a href="#">Web 概述 </a></li>
                <li><a href="#">HTML5 概述 </a></li>
                <li><a href="#">HTML5 新特性 </a></li>
                <li><a href="#">HTML5 语法与特性 </a></li>
                <li><a href="#">HTML5 页面编码设定 </a></li>
                <li><a href="#">HTML5 段落 </a></li>
                <li><a href="#">HTML5 超链接 </a></li>
                <li><a href="#">HTML5 图片 </a></li>
                <li><a href="#">HTML5 列表 </a></li>
                <li><a href="#">HTML5 表格 </a></li>
            </ol>
        </section>
    </body>
</html>
```

class_list.css 文件中部分代码如下。

```
/* 清除默认样式 base.css 的内容 */
* {
    margin: 0;
    padding: 0;
}
ul,
ol,
li {
    list-style: none;
}
a{
    color: #000000;
    text-decoration: none;
}
/* 视频列表 class_list.css 的内容 */
.links{
    width: 1080px;
}
```

```
.links h4{
    text-align: center; /* 文本居中 */
}
.links a{
    color: orange;
    text-decoration: none; /* 去除下划线 */
}
.links .playing{
    color: red;
    text-decoration: underline; /* 添加下划线 */
}
/* 增加的内容 */
.links{
    box-sizing: border-box;
    padding: 20px;
    background-color: #eeeeee;
    margin: 0 auto;
    border-radius: 10px;
}
.links h4{
    border-bottom: 1px solid #aaaaaa;
}
.links li{
    width: 220px;
    padding: 10px;
    margin: 4px;
    border-radius: 8px;
    border: 2px solid #aaaaaa;
    background-color: #ffffff;
}
```

任务 2：美化用户登录页面

微课视频

美化用户
登录页面

任务要求

（1）参考图 7-12 所示的效果对 4.5 节任务 2 制作的用户登录页面进行美化，在 login.html 文件中完成。

（2）表单水平居中；表单背景颜色为 #eeeeee，边框粗细为 1px、线型为直线、颜色为黑色，并设定四角为 20px 圆角。

（3）溢出部分隐藏处理；添加盒子外阴影效果，向右、向下各偏移 2px，阴影颜色为 #666666。

（4）标题文字为白色，背景颜色为 #002752，上下内边距各 20px。

（5）表单内容水平居中。

（6）表单内的"账户"文本输入框和"密码"密码输入框的高度为字体大小的两倍。

（7）将表单内的"账户""密码"与其右侧对应的输入框进行控件绑定。

任务实施

（1）对已完成的用户登录页面内容进行备份并修改。

（2）设定登录表单的宽度，并使用外边距属性设定表单水平居中，设定内部内容水平居中，设定圆角效果等。

（3）设定标题部分的相关样式，并使用增加等距上、下内边距的方式实现文本垂直居中。

（4）通过设定表单内部 <div> 标签下外边距的方式来设定内容的垂直间距。

图 7-12　美化用户登录页面效果

参考代码

```
<!DOCTYPE html>
<html>
<head>
    <meta charset="UTF-8">
    <title> 登录 </title>
    <link rel="stylesheet" href="./css/base.css">
    <style>
        form {
            width: 500px;
            margin: 0 auto;
            background-color: #eeeeee;
            text-align: center;
            border: 1px solid #000000;
            border-radius: 20px;
            overflow: hidden;
            box-shadow: 2px 2px 4px #666666;
        }
        form h1 {
            padding: 20px 0;
            margin: 0;
            background-color: #002752;
            color: #ffffff;
        }
        form input {
            font-size: 20px;
            line-height: 2em;
        }
        form div {
            margin: 0 0 40px 0;
        }
```

```
            </style>
        </head>
        <body>
            <form action="" method="post">
                <div>
                    <h1> 登录 </h1>
                </div>
                <div>
                    <label for="username"> 账户：</label>
                    <input type="text" name="username" id="username" placeholder=" 使用手机号作为账户 " required
pattern="^1[3456789]\d{9}$" />
                </div>
                <div>
                    <label for="password"> 密码：</label>
                    <input type="password" name="password" placeholder=" 由 6 ～ 18 位字母和数字组成 " required
pattern="^[a-zA-Z0-9]{6,18}$" />
                </div>

                <div>
                    <a href="reg.html"> 没有账户，前往注册页面 </a>
                </div>
                <div>
                    <input type="image" src="./src/images/login.gif" />
                </div>
            </form>
        </body>
    </html>
```

任务 3：美化用户注册页面

微课视频

美化用户
注册页面

任务要求

（1）参考图 7-13 所示的效果对 4.5 节任务 3 制作的用户注册页面进行美化，在 reg.html 文件中完成。

（2）表单水平居中；表单背景颜色为 #eeeeee，边框宽度为 1px、线型为直线、颜色为黑色，并设定四角为 20px 圆角。

（3）添加盒子外阴影效果，向右、向下各偏移 2px，阴影颜色为 #666666。

（4）标题文字为白色，背景颜色为 #002752，上下内边距各 20px。

（5）表单内容水平居中。

（6）表单内的"注册账户"文本输入框和"注册密码""确认密码"密码输入框的高度均为字体大小的两倍。

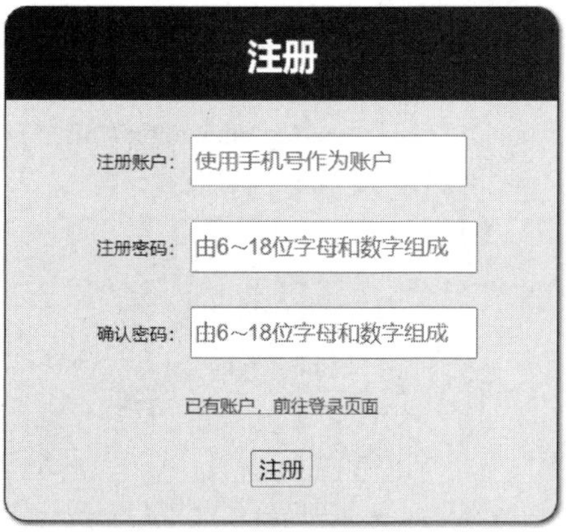

图 7-13 美化用户注册页面效果

（7）将左侧文字与右侧输入框进行控件绑定。

任务实施

（1）对已完成的登录页面内容进行备份并修改。

（2）设定登录表单的宽度，并使用外边距属性设定表单水平居中，设定内部内容水平居中，设定圆角效果等。

（3）设定标题部分的相关样式，并使用增加等距上、下内边距的方式实现文本垂直居中。

（4）通过设定表单内部 <div> 标签下外边距的方式来设定内容的垂直间距。

参考代码

```
<!DOCTYPE html>
<html>
<head>
    <meta charset="UTF-8">
    <title> 注册 </title>
    <link rel="stylesheet" href="./css/base.css">
    <style>
        form {
            width: 500px;
            margin: 0 auto;
            background-color: #eeeeee;
            text-align: center;
            border: 1px solid #000000;
            border-radius: 20px;
            overflow: hidden;
            box-shadow: 2px 2px 4px #666666;
        }
        form h1 {
            padding: 20px 0;
            margin: 0;
            background-color: #002752;
            color: #ffffff;
        }
        form input {
            font-size: 20px;
            line-height: 2em;
        }
        form div {
            margin: 0 0 30px 0;
        }
    </style>
</head>
<body>
    <form action="" method="post">
```

```
            <div>
                <h1> 注册 </h1>
            </div>
            <div>
                <label for="username"> 注册账户：</label>
                <input type="text" name="username" placeholder=" 使用手机号作为账户 " required pattern="^1[3456789]\
d{9}$" />
            </div>
            <div>
                <label for="password1"> 注册密码：</label>
                <input type="password" name="password1" placeholder=" 由 6 ～ 18 位字母和数字组成 " required
pattern="^[a-zA-Z0-9]{6,18}$" />
            </div>
            <div>
                <label for="password2"> 确认密码：</label>
                <input type="password" name="password2" placeholder=" 由 6 ～ 18 位字母和数字组成 " required
pattern="^[a-zA-Z0-9]{6,18}$" />
            </div>
            <div>
                <a href="login.html"> 已有账户，前往登录页面 </a>
            </div>
            <div>
                <input type="submit" value=" 注册 " />
            </div>
        </form>
    </body>
</html>
```

7.6　任务小结

　　本任务先讲解了盒子模型的概念、盒子模型的组成和相关属性，然后介绍了如何使用盒子模型的属性实现边框圆角和制作特殊图形、盒子阴影等，并且完成了"新云课堂"项目课程播放页面中的"视频列表"列表、用户登录页面、用户注册页面的美化。

　　通过对本任务的学习，读者应该了解 CSS 盒子模型的组成及相关属性，能够熟练应用盒子模型控制页面中的元素。盒子模型是 CSS 的重要内容，读者应该多加练习，加深理解。

7.7　知识巩固

　　（1）简要描述什么是盒子模型。

　　（2）padding：25px 50px; 的含义是（　　　　）。

　　　　A. 上下填充为 25px，左右填充为 50px

B. 上下填充为 50px，左右填充为 25px

C. 左上填充为 25px，右下填充为 50px

D. 上右填充为 25px，下左填充为 50px

（3）下列选项中，可以为元素清除默认内外边距的是（　　　）。

A. font-size: 0;　　　　B. line-height: 0;　　　　C. padding: 0;　　　　D. margin: 0;

7.8　任务拓展

任务要求

根据图 7-14 所示的效果完成"新云课堂"网页中的置顶按钮。

默认状态　鼠标指针悬停状态

图 7-14　任务拓展效果

参考代码

HTML 文件中部分代码如下。

```
<!-- 置顶按钮 -->
<a id="go_top" href="#top">top</a>
```

对应的 CSS 样式内容如下。

```
/* 置顶按钮 */
#go_top{
    display: block;
    width: 40px;
    height: 40px;
    color: #ffffff;
    background-color: #007acc;
    border: 2px solid #cccccc;
    border-radius: 50%;
    text-align: center;
    line-height: 40px;
    box-shadow: 1px 1px 2px #cccccc;
    position: fixed;
    right: 10px;
    bottom: 10px;
}
/* 置顶按钮 鼠标指针悬停状态 */
#go_top:hover{
    color: #007acc;
    background-color: #ffffff;
    border: 2px solid #cccccc;
}
```

151

任务 08

使用CSS3浮动布局页面

8.1　任务概述

　　使用 div+CSS 进行网页布局，实际上是使用 CSS 排版网页元素，这是一种较新的排版理念，有别于传统的排版习惯。根据页面期望的结构，使用 <div> 标签并配合 CSS 样式进行页面布局，设定的 <div> 标签作为容器包裹相应的内容元素。这种方式能有效地进行内容与样式的分离，并且页面的布局不再过多地受标签元素的默认样式影响。使用 display 属性改变元素特性进行网页元素的排版，使用浮动排版网页元素，并且根据网页布局需要对浮动进行清除，多角度分析父元素高度塌陷的原因。

　　在"新云课堂"项目的开发中，要实现通用头部的左右布局，"成长之路"的水平排列等效果也需要用到浮动布局的方式来实现。

8.2　任务目标

素质目标

（1）培养学生的团队合作精神。

（2）培养学生主动学习的能力和独立思考、分析及解决问题的能力。

知识目标

（1）了解 display 属性的 4 种状态。

（2）了解浮动的特点。

（3）了解如何清除浮动。

（4）了解浮动导致塌陷的解决方法及方法的优缺点。

技能目标

（1）熟练使用浮动的方式对元素进行水平两端布局或者水平排列布局。

（2）熟练解决由浮动导致的结构塌陷问题。

8.3 知识图谱

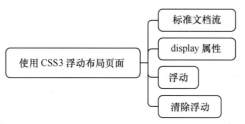

8.4 任务准备

8.4.1 标准文档流

微课视频

使用CSS浮动
布局页面1

153

标准文档流是指元素根据块状元素或行内元素的特性按从上到下、从左到右的方式自然排列。这是元素默认的排列方式。本任务之前的页面内容均是在标准文档流下的排列结果。

简单来说，标准文档流的规则就是从左至右、从上至下的规则。

前面将 HTML 的元素进行了分类，分为以 div 为代表的块状元素和以 span 为代表的内联元素。如果不更改元素特性，那么页面的效果自然会受到默认样式的影响，很难制作出精美的页面效果，CSS 提供了一种用于改变元素特性的属性——display 属性。

动画

HTML5元素
分类

8.4.2 display 属性

为 display 属性设定不同的属性值，可以对元素的特性进行修改。display 属性值及说明见表 8-1。CSS 样式不仅提供了基础的块状特性、行内特性，还另外提供了行内块状特性与 none 特性。

动画

display 属性

其中，行内块状特性既具有行内元素的在一行内从左向右排列的特性，也具有块状元素的可以指定元素宽、高的特性；none 特性可以让元素被屏蔽掉。

表8-1　display属性值及说明

属性值	说明
block	块状元素的默认值，元素会被显示为块状元素，该元素前后会带有换行符
inline	行内元素的默认值，元素会被显示为行内元素，该元素前后没有换行符
inline-block	行内块状元素，元素既具有行内元素的特性，也具有块状元素的特性
none	设置元素不会被显示

> **经验分享**
>
> display: none 和 visibility: hidden 都可以实现让元素在页面中隐藏的效果，两者的区别如下。
> 采用 display: none 处理的元素，相当于元素内容被隐藏掉，不会占用空间，并且其所绑定

的点击事件也由于没有进行渲染显示而无法触发。

采用 visibility: hidden 处理的元素，相当于将修饰元素进行全透明化显示，元素依然会占用一定的空间（取决于自身的宽高），其所绑定的点击事件仍可触发。通常，动态显示与隐藏功能均是通过该属性实现的。

8.4.3 浮动

动画

浮动

要使块状元素排列在一行，除了使用 display:inline-block 外，还可以使用浮动来实现。页面中并列排列的信息，实际上大多都是通过浮动来实现的，如图 8-1 所示。

图 8-1 在页面中使用浮动

float 属性用于定义元素在哪个方向浮动。以往这个属性通常应用于图像，使文本围绕在图像周围，不过在 CSS 中，任何元素都可以通过 float 属性实现浮动。浮动元素会生成一个块级框，而不论它本身是何种元素。float 属性值及说明见表 8-2。

表8-2 float属性值及说明

属性值	说明
left	元素向左浮动
right	元素向右浮动
none	默认值，无浮动效果

实际上浮动起初是为了页面中的图片能够使实现类似于 Word 中图片文字环绕的排版效果而诞生的。浮动效果对比如图 8-2 所示，从上至下依次为标准文档流、图片向左浮动、图片向右浮动。

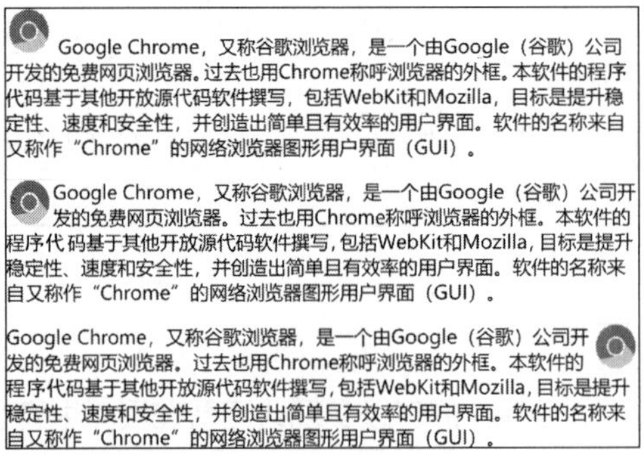

Google Chrome，又称谷歌浏览器，是一个由 Google（谷歌）公司开发的免费网页浏览器。过去也用 Chrome 称呼浏览器的外框。本软件的程序代码基于其他开放源代码软件撰写，包括 WebKit 和 Mozilla，目标是提升稳定性、速度和安全性，并创造出简单且有效率的用户界面。软件的名称来自又称作 "Chrome" 的网络浏览器图形用户界面（GUI）。

Google Chrome，又称谷歌浏览器，是一个由 Google（谷歌）公司开发的免费网页浏览器。过去也用 Chrome 称呼浏览器的外框。本软件的程序代码基于其他开放源代码软件撰写，包括 WebKit 和 Mozilla，目标是提升稳定性、速度和安全性，并创造出简单且有效率的用户界面。软件的名称来自又称作 "Chrome" 的网络浏览器图形用户界面（GUI）。

Google Chrome，又称谷歌浏览器，是一个由 Google（谷歌）公司开发的免费网页浏览器。过去也用 Chrome 称呼浏览器的外框。本软件的程序代码基于其他开放源代码软件撰写，包括 WebKit 和 Mozilla，目标是提升稳定性、速度和安全性，并创造出简单且有效率的用户界面。软件的名称来自又称作 "Chrome" 的网络浏览器图形用户界面（GUI）。

图 8-2 浮动效果对比

实现图 8-2 所示的效果的代码如下。

```html
<!DOCTYPE html>
<html>
<head>
    <meta charset="utf-8">
    <title> 浮动效果 </title>
</head>
<body>
    <!-- 标准文档流 -->
    <p>
        <img src="./logo.svg">
        Google Chrome，又称谷歌浏览器，是一个由 Google（谷歌）公司开发的免费网页浏览器。过去也
用 Chrome 称呼浏览器的外框。本软件的程序代码基于其他开放源代码软件撰写，包括 WebKit 和 Mozilla，目标
是提升稳定性、速度和安全性，并创造出简单且有效率的用户界面。软件的名称来自又称作“Chrome”的网络
浏览器图形用户界面（GUI）。
    </p>
    <!-- 图片左浮动 -->
    <p>
        <img src="./logo.svg" style="float: left;">
        Google Chrome，又称谷歌浏览器，是一个由 Google（谷歌）公司开发的免费网页浏览器。过去也
用 Chrome 称呼浏览器的外框。本软件的程序代码基于其他开放源代码软件撰写，包括 WebKit 和 Mozilla，目标
是提升稳定性、速度和安全性，并创造出简单且有效率的用户界面。软件的名称来自又称作“Chrome”的网络
浏览器图形用户界面（GUI）。
    </p>
    <!-- 图片右浮动 -->
    <p>
        <img src="./logo.svg" style="float: right;">
        Google Chrome，又称谷歌浏览器，是一个由 Google（谷歌）公司开发的免费网页浏览器。过去也
用 Chrome 称呼浏览器的外框。本软件的程序代码基于其他开放源代码软件撰写，包括 WebKit 和 Mozilla，目标
是提升稳定性、速度和安全性，并创造出简单且有效率的用户界面。软件的名称来自又称作“Chrome”的网络
浏览器图形用户界面（GUI）。
    </p>
</body>
</html>
```

如何理解这种浮动效果呢？可以看到在默认的标准文档流中，所有位于同一行的行内元素是默认以底边对齐的，而为图片添加浮动效果之后，图片脱离标准文档流，按照优先靠左或者优先靠右的顺序悬浮在之前的文档流之上，与相邻的文本内容产生了重叠，而如果重叠的区域有行内元素（如文字），则行内元素会自动躲避浮动的重叠区域，继续按照标准文档流的从左到右、从上到下的方式排列。

经验分享

浮动的元素会有一个收缩特性，当被浮动的元素没有指定宽、高时，其浮动后的宽、高由其所包含内容的宽、高决定。

下面通过一个案例来解释上面的逻辑，代码如下。

```html
<!DOCTYPE html>
<html>
<head>
    <meta charset="utf-8">
    <title>float</title>
    <style>
        #father {
            height: 400px;
            width: 650px;
            border: 5px solid #000;
        }
        .d0 {
            width: 100%;
            height: 20px;
            background-color: #abc;
        }
        .d1 {
            width: 300px;
            height: 200px;
            background-color: #0066cc;
            float: left;
        }
        .d2 {
            width: 100px;
            height: 50px;
            background-color: #008000;
            float: left;
        }
        .d3 {
            width: 200px;
            height: 100px;
            background-color: #ff0000;
            float: right;
        }
        .d4 {
            width: 100%;
            height: 20px;
            background-color: #ccc;
        }
    </style>
</head>
<body>
    <div id="father">
        <div class="d0"></div>
        <div class="d1"></div>
        <div class="d2"></div>
        <div class="d3"></div>
        <div class="d4"></div>
    </div>
</body>
</html>
```

#father 元素的宽度为 650px，如图 8-3 所示。

将 #father 元素的宽度值设定为 550px、450px、350px，效果如图 8-4 ～图 8-6 所示。（注意：在 Chrome 浏览器中，body 元素默认拥有 8px 的四边内边距。）

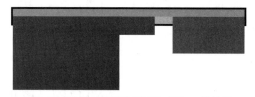

图 8-3　#father 元素的宽度为 650px 的效果

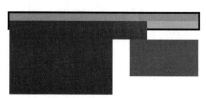

图 8-4　#father 元素的宽度为 550px 的效果

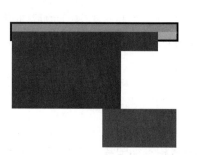

图 8-5　#father 元素的宽度为 450px 的效果

图 8-6　#father 元素的宽度为 350px 的效果

HTML5+CSS3 Web前端开发技术（任务式）（微课版）（第2版）

通过此案例可以明确总结出浮动的特点：

- 浮动元素会完全脱离文档流，不再在文档流中占据位置。
- 设置浮动以后元素会向父元素的左侧或右侧移动。
- 浮动元素默认不会从父元素中移出。
- 浮动元素向左或向右移动时，不会越过它前边的其他浮动元素。
- 如果浮动元素的上边是一个没有浮动的块状元素，则浮动元素无法上移。（在使用浮动布局时，通常会让全部子元素都进行浮动，避免浮动与标准文档流元素在父元素中混用。）
- 未指定宽、高的浮动元素，其浮动后的宽、高由内容决定。

8.4.4　清除浮动

在 CSS 中，clear 属性用于规定元素的哪一侧不允许有其他浮动元素，官方解释为"元素盒子的边不能和其前面的浮动元素相邻"。设置了 clear 属性的元素只能通过调整自身来使自己不要和浮动元素排列在一起。

使用 CSS 浮动
布局页面 2

clear 属性

例如，一个元素同时设置了 float:left 和 clear:left，因为设置了 float:left，这个元素通常会向左边的浮动元素靠拢；又因为设置了 clear:left，希望左边不要有浮动元素，那么这个元素就要调整自己，排到下一行去，同时往左浮动。

clear 属性值及说明见表 8-3。

表8-3　clear属性值及说明

值	说明
left	在左侧不允许有浮动元素
right	在右侧不允许有浮动元素
both	在左、右两侧不允许有浮动元素
none	默认值，允许浮动元素出现在两侧

1. 清除浮动的 3 种方式

浮动虽然能够实现一定的布局，但是它有一个明显的弊端，即如果父元素中包含子元素，而未给父元素设置高度，则子元素设置浮动后，浮动的元素有可能因为脱离文档流而导致父元素高度塌陷。

示例如下。

```
<!DOCTYPE html>
<html>
<head>
    <meta charset="utf-8">
    <title> 清除浮动 </title>
    <style>
        #father {
            width: 650px;
            border: 5px solid #000000;
        }
```

```
        .d1 {
            width: 100px;
            height: 100px;
            background-color: #008000;
            float: right;
        }
        .d2 {
            width: 200px;
            height: 200px;
            background-color: #0066CC;
```

```
                float: left;                              <div class="d1"></div>
            }                                             <div class="d2"></div>
        </style>                                      </div>
    </head>                                        </body>
    <body>                                        </html>
        <div id="father">
```

效果如图 8-7 所示。

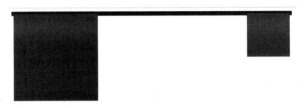

图 8-7　父元素高度塌陷

造成父元素高度塌陷的原因有以下两个方面。

（1）父元素的高度自适应，由子元素的实际内容决定。

（2）父元素中撑起高度的子元素，浮动后由于脱离文档流而不占用父元素空间，从而无法撑起父元素高度。

从这两个方面着手解决该问题，有以下 3 种方式。

方式 1：为包含浮动元素的父元素指定确定的高度值，从而解决由父元素高度自适应产生的塌陷问题。

代码如下。

```
<!DOCTYPE html>                                    }
<html>                                             .d2 {
<head>                                                 width: 200px;
    <meta charset="utf-8">                             height: 200px;
    <title>清除浮动</title>                             background-color: #0066CC;
    <style>                                            float: left;
        #father {                                  }
            width: 650px;                       </style>
            /* 手动指定高度 */                    </head>
            height: 300px;                        <body>
            border: 5px solid #000000;                <div id="father">
        }                                                 <div class="d1"></div>
        .d1 {                                             <div class="d2"></div>
            width: 100px;                             </div>
            height: 100px;                        </body>
            background-color: #008000;            </html>
            float: right;
```

效果如图 8-8 所示。

给页面中的 #father 元素手动指定高度值 300px，则可以避免出现塌陷，但是这种方式需要根据内容的高度手动计算高度值，不能灵活适应页面内容。

方式 2：从子元素脱离文本流的问题入手，虽然不能直接让浮动的子元素对父元素产生影响，但可以通过

图 8-8　为父元素指定高度值解决塌陷问题

清除浮动的方式让浮动元素对其他子元素产生影响，即在最后的浮动元素之下添加一个高度为 0 的块状元素，并让该块状元素对浮动元素进行浮动清除处理，这样相当于用一个浮动元素未浮动前下方紧邻的一个下边框进行占位，从而有效地撑起父元素高度。

代码如下。

```html
<!DOCTYPE html>
<html>
<head>
    <meta charset="utf-8">
    <title> 清除浮动 </title>
    <style>
        #father {
            width: 650px;
            border: 5px solid #000000;
        }
        .d1 {
            width: 100px;
            height: 100px;
            background-color: #008000;
            float: right;
        }
        .d2 {
            width: 200px;
            height: 200px;
            background-color: #0066CC;
            float: left;
        }
    </style>
</head>
<body>
    <div id="father">
        <div class="d1"></div>
        <div class="d2"></div>
        <!-- 在父元素内最后的浮动元素之下手动添加一个具有清除浮动特性功能的块状元素 -->
        <div style="clear: left"></div>
    </div>
</body>
</html>
```

效果如图 8-9 所示。

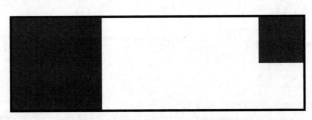

图 8-9　添加块状元素解决父元素塌陷问题

这种方式可有效地解决父元素高度塌陷问题，而且能根据浮动元素的高度自动调整。它唯一的缺点就是在 HTML 中增加了没有实际内容及含义的元素，违背了"内容与样式分离"的原则。

方式 3：对方式 2 的思路进行优化，优化手动添加块状元素为自动追加块状元素，这样就从源码的角度解决了无内容及含义的元素的问题。该方式需要借助 CSS 的伪元素选择器 after 来实现。代码如下。

```
<!DOCTYPE html>
<html>
<head>
    <meta charset="utf-8">
    <title> 清除浮动 </title>
    <style>
        #father {
            width: 650px;
            border: 5px solid #000000;
        }
        /* 通过 after 伪元素在父元素最后添加一个元素并设
           定元素内容为空，为块状元素清除两侧浮动 */
        #father:after {
            content: "";
            display: block;
            clear: both;
        }
        .d1 {
            width: 100px;
            height: 100px;
            background-color: #008000;
            float: right;
        }
        .d2 {
            width: 200px;
            height: 200px;
            background-color: #0066CC;
            float: left;
        }
    </style>
</head>
<body>
    <div id="father">
        <div class="d1"></div>
        <div class="d2"></div>
    </div>
</body>
</html>
```

经验分享

一般不会在每个要解决高度塌陷问题的元素中都写一次伪元素，而是声明一个公共样式类，这样就可以只在要解决高度塌陷的元素内容中添加公共样式类。

代码如下。

```
<!DOCTYPE html>
<html>
<head>
    <meta charset="utf-8">
    <title> 清除浮动 </title>
    <style>
        #father {
            width: 650px;
            border: 5px solid #000000;
        }
        .d1 {
            width: 100px;
            height: 100px;
            background-color: #008000;
            float: right;
        }
        .d2 {
            width: 200px;
            height: 200px;
            background-color: #0066CC;
            float: left;
        }
        /* 设定公共样式类 clear-fixed*/
        /* 通常把该样式放到类似于 common.css
           的公共样式文件中供全局调用 */
        .clear-fixed:after {
            content: "";
            display: block;
```

```
                 clear: both;                                  <div class="d1"></div>
            }                                                   <div class="d2"></div>
        </style>                                           </div>
    </head>                                             </body>
    <body>                                              </html>
        <div id="father" class="clear-fixed">
```

2. overflow 属性

动画

overflow 属性

在 CSS 中，overflow 属性也可以用来清除浮动以扩展盒子的高度。由于这种方法不会产生冗余标签，仅需要设置外层的 overflow 属性值为 hidden 即可，因此这种方法常用来设置外层盒子包含内层浮动的效果，防止父级边框塌陷。

在 CSS 中，要处理盒子中的内容溢出，可以使用 overflow 属性。它用于规定当内容溢出盒子时对内容的处理，例如内容不会被修剪而呈现在盒子之外，或者内容会被修剪且修剪内容隐藏等。

示例如下。

```
<!DOCTYPE html>
<html>
<head>
    <title> 利用 overflow 属性解决父元素高度塌陷问题 </title>
    <style>
        body {
            font-size: 12px;
            /*line-height:22px;*/
        }
        div {
            width: 200px;
            height: 150px;
            border: 2px #f00 solid;
        }
    </style>
</head>
<body>
    <div>
        <img src="a1.jpg" width="100" height="100" />
        <p> 在 CSS 中使用 overflow 属性处理盒子中的内容溢出，它用于规定当内容溢出盒子时对内容的处
理，例如内容不会被修剪而呈现在盒子之外，或者内容会被修剪且修剪内容隐藏等。</p>
    </div>
</body>
</html>
```

效果如图 8-10 所示。

图 8-10 所示页面文字内容已经超出了外部的 div 的范围，给 div 添加 overflow: hidden 样式，效果如图 8-11 所示。

溢出的内容被隐藏掉，只有盒子内的图片和部分文本显示出来。

overflow 属性除了可以隐藏溢出内容，还能控制滚动条的显示与否来实现盒子整体大小不变但内容还能完整显示。overflow 属性值及说明见表 8-4。

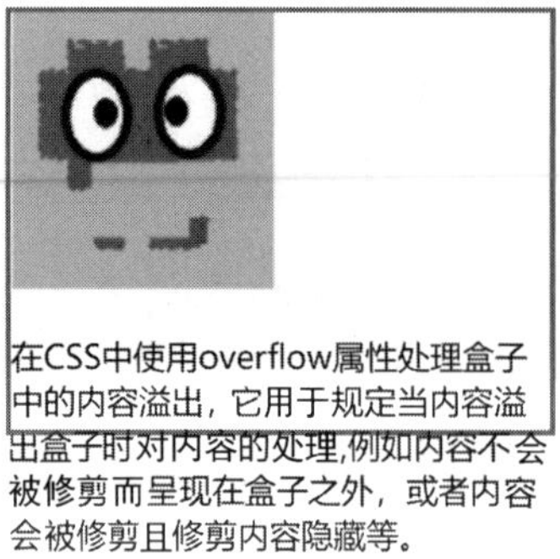

在CSS中使用overflow属性处理盒子中的内容溢出，它用于规定当内容溢出盒子时对内容的处理,例如内容不会被修剪而呈现在盒子之外，或者内容会被修剪且修剪内容隐藏等。

图 8-10　内容溢出

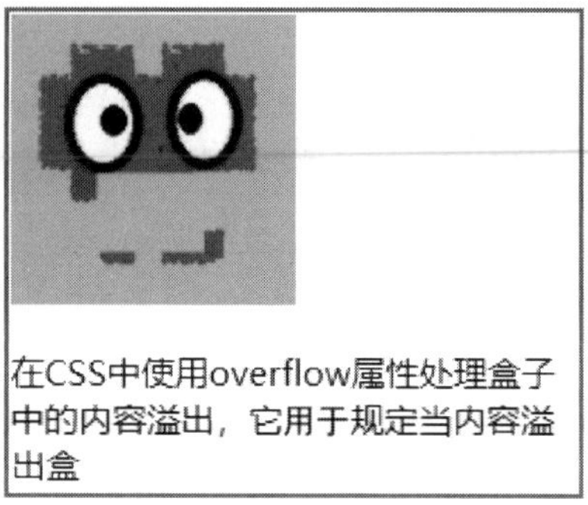

在CSS中使用overflow属性处理盒子中的内容溢出，它用于规定当内容溢出盒

图 8-11　添加 overflow:hidden 样式后的效果

表8-4　overflow属性值及说明

属性值	说明
visible	默认值，内容不会被修剪，但呈现在盒子之外
hidden	内容会被修剪，并且其余内容是不可见的
scroll	内容会被修剪，但是浏览器会显示滚动条用于查看其余内容
auto	如果内容被修剪，则浏览器会显示滚动条用于查看其余内容

overflow:scroll 与 overflow:auto 的效果分别如图 8-12 和图 8-13 所示。

图 8-12　overflow:scroll 效果

图 8-13　overflow:auto 效果

两者在处理盒子内元素溢出时，都使用滚动条查看盒子尺寸之外的内容。唯一不同的是，将 overflow 属性值设置为 scroll 时，即便没有在水平方向上产生内容溢出，也在底部显示了不可用的滚动条；而设置为 auto 时，仅在出现内容溢出的垂直方向显示了滚动条，底部的滚动条只在水平方向出现内容溢出时才会显示。

overflow:hidden 即溢出隐藏。它虽然能够防止边框塌陷，但是在有鼠标指针移入弹出下拉列表的场景中不能使用，否则会隐藏下拉列表。

📄 ▷　经验分享

overflow 属性的作用效果实际上是由其"块状模型"特性决定的。"块状模型"最突出的特性就是，该元素内的所有内容不会对外部产生除了体积布局之外的任何影响，也就是说该元素形成了一个完全对外封闭的空间。当不给该元素设定宽、高时，其自身就会去包裹内部元素，同时又不对外部产生影响，从而使自身能完美适应内容的变化。

8.5　任务实战

任务 1：使用浮动左右布局

任务要求

（1）按照图 8-14 所示的效果在 6.5 节任务 2 美化后的页面通用头部的 HTML 文件基础上实现浮动左右布局。

（2）通过清除浮动解决浮动带来的父元素高度塌陷问题。

（3）给 header 元素增加内边距，产生四周 8px 的留白空间。

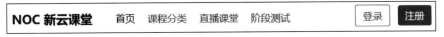

图 8-14　使用浮动左右布局效果

任务实施

（1）对已完成美化的页面通用头部内容进行备份并修改。

（2）设定 header 元素的 class 属性为 clear-fix，匹配 common.css 文件中的清除浮动样式内容。

（3）在 header 元素中使用 div 元素将内容分为两部分，左侧部分包含网站 Logo 与导航，右侧部分包含"登录""注册"按钮，并分别进行左浮动、右浮动。

（4）设定头部左侧部分 class 属性为 clear-fix，匹配 common.css 文件中的清除浮动样式内容。

参考代码

HTML 代码如下。

```html
<!DOCTYPE html>
<html>
<head>
    <meta charset="UTF-8">
    <title></title>
    <link rel="stylesheet" href="./css/base.css">
    <link rel="stylesheet" href="./css/common.css">
    <link rel="stylesheet" href="./css/header.css">
</head>
<body>
    <!-- 头部 -->
    <header class="header clear-fix">
        <!-- 头部左侧 -->
        <div class="header-left clear-fix">
            <h1 class="logo">NOC 新云课堂 </h1>
            <nav class="nav">
                <a class="nav-item nav-active" href="#"> 首页 </a>
                <a class="nav-item" href="#"> 课程分类 </a>
```

```
                <a class="nav-item" href="#"> 直播课堂 </a>
                <a class="nav-item" href="#"> 阶段测试 </a>
            </nav>
        </div>
        <!-- 头部右侧 -->
        <div class="header-right">
            <!-- 未登录 -->
            <div class="header-right-unlogined">
                <a href="#" class="btn-login"> 登录 </a>
                <a href="#" class="btn-reg"> 注册 </a>
            </div>
        </div>
    </header>
</body>
```

base.css 文件内容如下。

```
/* 清除默认样式 */                          li {
* {                                             list-style: none;
    margin: 0;                              }
    padding: 0;                             a {
}
ul,                                             color: #000;
ol,                                             text-decoration: none;
                                            }
```

common.css 文件内容如下。

```
/* 元素隐藏 */                             .clear-fix::after{
.hidden{                                        content: "";
    display: none;                              display: block;
                                                clear: both;
}
/* 清除浮动 8.5 新增内容 */                 }
```

header.css 文件内容如下。

```
/* 通用头部 */
.header {
    padding: 8px; /* 设定内边距 */
    height: 40px;
    background-color: #ffffff;
}
.logo {
    font-size: 20px;
    font-weight: weight;
}
.nav-item {
    padding: 8px; /* 设定内边距 */
    font-size: 16px;
    color: #888888;
}
.nav-item:hover{
    color: #ff0000;
```

```css
}
/* 导航单元被选中状态样式 */
.nav-active {
    color: #000000;
}
.header-right-unlogined {
    display: inline-block; /* 行内块状 */
}
.header-right-unlogined>a {
    padding: 6px 12px;
    display: inline-block;
    box-sizing: border-box; /* 设定 IE 盒子模型 */
    border-radius: 4px; /* 圆角 */
    font-size: 16px;
}
.btn-login {
    margin-right: 8px;
    color: #007bff;;
    border: 1px solid #007bff;
}
.btn-login:hover {
    background-color: #007bff;
    color: #ffffff;
}
.btn-reg {
    border-color: #2a8745;
    background-color: #2a8745;
    color: #ffffff;
}
.btn-reg:hover {
    background-color: #218138;
    border-color: #218138;
    color: #ffffff;
}
/*8.5 新增内容 */
/* 此方式与给 header 元素增加新的 class 属性值 clear-fix 的方式二选一 */
.header::after{
    content: "";
    display: block;
    clear: both;
} */
.header-left{
    float: left;
}
.header-left .logo,
.header-left .nav{
```

```
    float: left;
    margin-right: 30px;
    line-height: 40px;/* 与 .header 的 height: 40px 相配合实现单行垂直居中 */
}


.header-right{
    float: right;
}
```

任务 2：使用浮动单行布局

微课视频

使用浮动
单行布局

任务要求

（1）按照图 8-15 所示的效果对已有的课程推荐页面中的"成长路线"列表进行改造，实现浮动单行布局。

（2）成长路线部分水平居中，并在四周增加 20px 的内边距。

（3）成长路线标题部分两侧使用 ::before、::after 选择器动态添加两条灰色线段。

（4）设定父容器清除浮动样式，解决浮动带来的父元素高度塌陷问题。

（5）3 个课程单元水平排列，所在容器宽度为 1080px，每个课程单元四周有 20px 外边距。

图 8-15　使用浮动单行布局效果

任务实施

（1）对已完成的课程推荐页面中的"成长路线"列表内容进行备份并修改。

（2）设定标题部分内容，在 index_ways.css 文件中使用 ::before、::after 选择器动态添加两条灰色线段。

（3）设定课程单元所在的父元素 div 的 class 属性值为 clear-fix，匹配 common.css 文件中的清除浮动样式内容，使用公用样式来设定 div 的宽度为 1080px 并实现水平居中。

（4）设定课程单元对应的元素左浮动。

参考代码

HTML 代码如下。

```
<!DOCTYPE html>
<html>
    <head>
        <meta charset="UTF-8">
        <title></title>
```

```html
        <link rel="stylesheet" href="./css/base.css">
        <link rel="stylesheet" href="./css/common.css">
        <link rel="stylesheet" href="./css/index_ways.css">
    </head>
    <body>
        <!-- 成长路线 -->
        <section class="ways">
            <h2 class="ways-title"> 成长路线 </h2>
            <div class="wrapper-1080 clear-fix">
                <a class="way" href="#">
                <div class="way-img-wrapper">
                    <img src="./src/images/ke1.png">
                </div>
                <div class="way-title">Web 前端工程师之路 </div>
            </a>
                <a class="way" href="#">
                <div class="way-img-wrapper">
                  <img src="./src/images/ke2.png">
                </div>
                <div class="way-title">Java 工程师之路 </div>
            </a>
                <a class="way" href="#">
                <div class="way-img-wrapper">
                  <img src="./src/images/ke3.png">
                </div>
                <div class="way-title">Python 工程师之路 </div>
            </a>
            </div>
        </section>
    </body>
</html>
```

base.css 文件内容如下。

```css
/* 清除默认样式 */
* {
    margin: 0;
    padding: 0;
}
ul,
ol,
```

```css
li {
    list-style: none;
}
a{
    color: #000000;
    text-decoration: none;
}
```

common.css 文件内容如下。

```css
/* 元素隐藏 */
.hidden{
    display: none;
}
/* 清除浮动 8.5 新增内容 */
```

```css
.clear-fix::after{
    content: "";
    display: block;
    clear: both;
}
```

index_ways.css 文件内容如下。

```
/* 成长路线 */
.ways{
    padding: 20px;
    background-color: #f0f0f0;
}
.ways-title{
    height: 40px;
    line-height: 40px;
    text-align: center;
}
.ways-title::before{
    content: "";
    display: inline-block;
    text-decoration: line-through;
    width: 100px;
    border-top: 1px solid #cccccc;
    margin-right: 40px;
}
.ways-title::after{
    content: "";
    display: inline-block;
    text-decoration: line-through;
    width: 100px;
    border-top: 1px solid #cccccc;
    margin-left: 40px;
```

```
}
.way{
    float: left;
    margin: 20px;
    width: 320px;
    border-radius: 20px;
    box-shadow: 4px 4px 4px 4px #aaaaaa;
    overflow: hidden;
}
.way-img-wrapper{
    width: inherit;
    height: 150px;
}
.way-img-wrapper img{
    width: 100%;
    height: 100%;
}
.way-title{
    height: 50px;
    line-height: 50px;
    text-align: center;
    background-color: #ffffff;
    font-weight: bold;
}
```

任务 3：使用浮动多行布局

微课视频

使用浮动
多行布局

任务要求

将 7.5 节任务 1 美化后的课程播放页面中的"视频列表"列表通过浮动布局，实现多行布局，效果如图 8-16 所示。

图 8-16　使用浮动多行布局效果

任务实施

（1）对已完成的课程播放页面中的"视频列表"列表进行备份并修改。

（2）设定 ol 元素的 class 属性为 clear-fix，匹配 common.css 文件中的清除浮动样式内容。

（3）设定 ol 元素中的 li 元素为左浮动。

参考代码

HTML 代码如下。

```html
<!DOCTYPE html>
<html>
    <head>
        <meta charset="UTF-8">
        <title></title>
        <link rel="stylesheet" href="./css/base.css">
        <link rel="stylesheet" href="./css/common.css">
        <link rel="stylesheet" href="./css/class_list.css">
    </head>
    <body>
        <!-- 视频列表 -->
        <section class="links">
            <h4> 视频列表 </h4>
            <ol class="clear-fix">
                <li><a href="#" class="playing">Chrome 安装 </a></li>
                <li><a href="#">Web 概述 </a></li>
                <li><a href="#">HTML5 概述 </a></li>
                <li><a href="#">HTML5 新特性 </a></li>
                <li><a href="#">HTML5 语法与特性 </a></li>
                <li><a href="#">HTML5 页面编码设定 </a></li>
                <li><a href="#">HTML5 段落 </a></li>
                <li><a href="#">HTML5 超链接 </a></li>
                <li><a href="#">HTML5 图片 </a></li>
                <li><a href="#">HTML5 列表 </a></li>
                <li><a href="#">HTML5 表格 </a></li>
            </ol>
        </section>
    </body>
</html>
```

base.css 文件内容如下。

```css
/* 清除默认样式 */
* {
    margin: 0;
    padding: 0;
}
ul,
ol,
li {
    list-style: none;
}
a{
    color: #000;
    text-decoration: none;
}
```

common.css 文件内容如下。

```css
/* 元素隐藏 */
.hidden{
    display: none;
}
/* 清除浮动 8.5 新增内容 */
.clear-fix::after{
    content: "";
    display: block;
    clear: both;
}
```

```
/* 设定宽度为 1080px 的包裹 8.5 新增内容 */          width: 1080px;
.wrapper-1080{                                        margin: 0 auto;
    display: block;                              }
```

class_list.css 文件内容如下。

```
/* 视频列表 */                                       border-radius: 10px;
.links{                                          }
    width: 800px;                               .links h4{
}                                                    border-bottom: 1px solid #aaa;
.links h4{                                       }
    text-align: center; /* 文本居中 */          .links ol li{
}                                                    width: 220px;
.links a{                                             padding: 10px;
    color: orange;                                    margin: 4px;
    text-decoration: none; /* 去除下划线 */         border-radius: 8px;
}                                                    border: 2px solid #aaa;
.links .playing{                                      background-color: #fff;
    color: red;                                 }
    text-decoration: underline; /* 添加下划线 */  /* 使用浮动方式改造为水平布局 */
}                                                .links ol{
/* 7.5 增加的内容 */                                 width: 100%;
.links{                                          }
    box-sizing: border-box;                     .links ol>li{
    padding: 20px;                                    float: left;/* 配合 <ol> 标签设定 class="clear-fix" */
    background-color: #eee;                      }
    margin: 0 auto;
```

8.6 任务小结

本任务主要讲解了标准文档流的概念、元素的浮动，并介绍了清除浮动的 3 种方式，完成了"新云课堂"项目页面通用头部、课程推荐页面中的"成长路线"列表和课程播放页面中的"视频列表"列表的布局。

通过对本任务的学习，读者应该了解标准文档流，并能够熟练运用浮动进行页面布局，还要掌握清除浮动的常用方法。浮动是 CSS 中的难点内容，读者应该多加练习，加深理解。

8.7 知识巩固

（1）请简要说明浮动为何会导致父元素高度塌陷。

（2）清除浮动带来的高度塌陷问题的最优、最常见解决方式是什么？

（3）（多选）在 CSS 中，可以通过 float 属性为元素设置浮动，以下属于 float 属性值的有
（   ）。

    A. left   B. center

    C. right   D. none

HTML5+CSS3 Web前端开发技术（任务式）（微课版）（第2版）

8.8 任务拓展

使用浮动制作"新店"首页活动商品列表部分，效果如图 8-17 所示。

任务要求

按照图 8-17 所示的效果实现活动商品列表部分。

图 8-17 活动商品列表效果

参考代码

HTML 代码如下。

```html
<!-- 发现好货 -->
<section class="find">
    <div class="wrap-960 clear">
        <div class="find-left"></div>
        <ul class="find-right">
            <li>
            <a href="#">
                <p class="good-t"> 奶油碧根果 </p>
                <p class="good-p"><img src="./src/good1.jpg" alt=" 商品展示 1" width="150" height="150"></p>
            </a>
            </li>
            <li>
            <a href="#">
                <p><img src="./src/good2.jpg" alt=" 商品展示 1" width="150" height="150"></p>
                <p class="good-t"> 超 mini 榴莲冰淇淋千层 </p>
            </a>
            </li>
            <li>
            <a href="#">
                <p class="good-t"> 劲爆小龙虾 </p>
                <p class="good-p"><img src="./src/good3.jpg" alt=" 商品展示 1" width="150" height="150"></p>
            </a>
            </li>
            <li>
            <a href="#">
                <p><img src="./src/good4.jpg" alt=" 商品展示 1" width="150" height="150"></p>
                <p class="good-t"> 速冻上士鸡块 </p>
            </a>
```

```
            </li>
        </ul>
    </div>
</section>
```

CSS 代码如下。

```css
.find{
    background-color: #f5f5f5;
    padding: 20px 0;
}
.find-left{
    float: left;
    width: 190px;
    height: 260px;
    margin-right: 10px;
    background-image: url(../src/find.png);
}
.find-right{
    float: right;
    width: 760px;
    height: 260px;
    background-color: #fff;
    /* overflow: hidden; */
}
.find-right li{
    float: left;
    width: 150px;
    height: 200px;
    /* margin: 0 20px; */
    text-align: center;
    padding: 30px 20px;
    /* background-color: red; */
}
.find-right .good-t{
    height: 50px;
    line-height: 50px;
    font-size: 14px;
    overflow: hidden;
}
.find-right li a:hover{
    color: #f00;
}
```

任务

使用CSS3定位布局页面

09

9.1　任务概述

科技是国之利器，国家赖之以强，企业赖之以赢，人民生活赖之以好。"新云课堂"就是我们利用 Web 前端开发的基础核心技术 HTML5、CSS3 设计和开发的在线学习平台，为用户提供科学、准确、前沿的知识技术和相关课程，开拓用户的认知与眼界，拉近用户与前沿知识之间的距离。本任务将使用定位去布局"新云课堂"页面。

网页内容呈现的方式是平面的，但网页中要表达的内容并不一定是平面的，大多数情况下，我们需要通过一定的元素层叠覆盖，给浏览者营造出空间感或者层次感。

本任务将在项目课程推荐页面的"课程列表"部分通过定位样式实现课程角标效果，使用绝对定位实现用户登录页面居中，在课程播放页面实现固定定位的置顶按钮和页面头部黏性定位。通过对相对定位和绝对定位的应用，读者可以提高多角度分析问题、全方面看待问题的能力。

9.2　任务目标

素质目标

（1）培养学生的团队合作精神。

（2）培养学生分析问题、解决问题的能力。

知识目标

（1）了解使用 position 属性实现的 4 种定位方式的特点。

（2）了解如何使用 z-index 属性调整定位元素的堆叠方式。

技能目标

（1）掌握常见元素重叠覆盖效果的实现。

（2）掌握使用页面固定定位实现功能按钮的方法。

9.3 知识图谱

使用CSS3定位布局页面
- 定位概述
- 相对定位
- 绝对定位
- 固定定位
- 黏性定位
- z-index

9.4 任务准备

9.4.1 定位概述

CSS 中有 3 种基本的布局机制，分别是标准流、浮动和定位。position 属性与 float 属性一样都是 CSS 排版中非常重要的属性。position 属性字面意义即位置的设置，用于确定子元素在父元素内部的位置。position 属性值及说明见表 9-1。position 属性值为 relative、absolute、fixed 时，需要配合表示偏移量的属性 top、right、left、bottom 进行定位。

表9-1   position属性值及说明

值	说明
static	默认值，没有定位作用
relative	相对定位，主要表示根据自身原位置进行位置偏移
absolute	绝对定位，主要用来在具有定位属性的父元素中根据元素距父元素边界的距离来确定元素的位置
fixed	固定定位，类似于绝对定位，固定定位的定位参考依据为浏览器的可视区域

为了方便对比定位的作用，先制作一个基础页面，代码如下。

```
<!DOCTYPE html>
<html lang="en">
    <head>
        <meta charset="UTF-8">
        <title> 基础页面 </title>
        <style>
            div {
                margin: 10px;
                padding: 5px;
                font-size: 12px;
                line-height: 25px;
            }
            #father {
                border: 1px #666 solid;
                padding: 0;
            }
            #first {
                background-color: #008000;
                border: 1px #B55A00 dashed;
            }
            #second {
                background-color: #0066CC;
                border: 1px #B55A00 dashed;
            }
            #third {
                background-color: #B55A00;
                border: 1px #B55A00 dashed;
            }
```

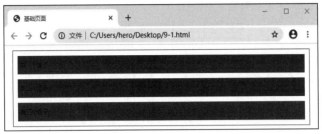

```
        </style>                              <div id="second">第二个盒子 </div>
    </head>                                   <div id="third">第三个盒子 </div>
    <body>                                </div>
        <div id="father">                 </body>
            <div id="first">第一个盒子 </div>  </html>
```

效果如图 9-1 所示。

图 9-1 基础页面效果

9.4.2 相对定位

动画

相对定位

relative 属性值用于设置元素的相对定位。除了将 position 属性设置为 relative 之外，还需要指定一定的偏移量，水平方向使用 left 或 right 属性来指定，垂直方向使用 top 或 bottom 属性来指定。在基础页面的基础上给 #first 添加相对定位属性，代码如下。

```
#first {                                   top:-20px;
        background-color:#008000;          left:20px;
        border:1px #B55A00 dashed;         }
        position:relative;
```

效果如图 9-2 所示。

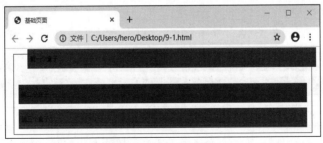

图 9-2 相对定位效果

第一个盒子将自身之前的位置作为参考依据（参考元素），位移后上边缘与参考元素的上边缘产生一个 –20px 的距离，即向上偏移 20px ；位移后左边缘与参考元素的左边缘产生一个 20px 的距离，即向右偏移 20px。left、top 值可以取正值或负值。left 为正值，元素会向右移动；top 为正值，元素会向下移动。同理，right 为正值，元素向左移动；bottom 为正值，元素向上移动。负值则往与正值相反的方向移动。

相对定位的特点：设置相对定位的盒子会相对它原来的位置通过指定偏移到达新的位置，它对父级盒子和相邻的盒子不会有任何影响，并且设置相对定位的盒子原来的位置会被保留下来。

9.4.3　绝对定位

absolute 属性值用于设置元素的绝对定位。除了将 position 属性设置为 absolute，还需要配合表示偏移量的属性 top、left、bottom、right 与参考依据来进行定位。与相对定位所不同的是，绝对定位的参考依据是该定位元素的最近且具有定位属性的祖先元素。

修改基础页面中的 #second 的样式内容，代码如下。

```
#second {                               top: 30px;
    background-color:#0066CC;           right: 30px;
    border:1px #B55A00 dashed;          }
    position:absolute;
```

此时第二个盒子没有最近的已经定位的祖先元素，则将 body 元素作为定位的参考元素，效果如图 9-3 所示。

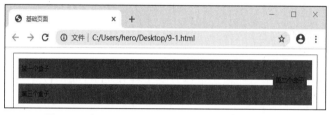

图 9-3　以 body 元素作为参考元素的绝对定位效果

再修改基础页面中 #father 的样式，为其设置相对定位，代码如下。

```
#father{                                position: relative;
    border:1px #666 solid;              }
    padding:0;
```

此时第二个盒子以 #father 为参考元素进行绝对定位，效果如图 9-4 所示。

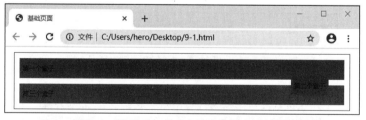

图 9-4　以 #father 为参考元素的绝对定位效果

在绝对定位之后，可以看到第二个盒子的大小和位置的变化与图 9-2 所示第一个盒子的相对定位不同。这里第二个盒子所产生的变化是：定位后的元素上边缘与参考元素的上边缘产生一个 30px 的距离，相当于定位元素上边缘在参考元素上边缘的下方 30px 处；定位后的元素右边缘与参考元素的右边缘产生一个 30px 的距离，即定位元素的右边缘在参考元素右边缘的左侧 30px 处。

根据图 9-4 和图 9-2 所示效果的对比，可以总结出绝对定位的特点：使用了绝对定位的元素（第二个盒子）以离它最近的一个已经定位的祖先元素（#father）为基准进行偏移；绝对定位的元素从标准文档流中脱离，这意味着它们对其他元素（第一个、第三个盒子）的定位不会造成影响；如果没有给进行绝对定位的元素指定宽、高，那么元素在定位之后会有类似浮动的包裹特性，即元素的宽、高由内容的宽、高决定。

如果进行绝对定位的元素找不到最近的已经定位的祖先元素，则将 body 元素作为定位的参考依据。

这里的"已经定位"指的是元素的定位值为 relative、absolute、fixed 之一，通常参考元素的定位值为 relative，因为如果仅仅给参考元素添加相对定位属性而不提供偏移属性，则不会对参考元素产生任何影响。

9.4.4　固定定位

掌握相对定位与绝对定位之后，固定定位理解起来就简单多了。固定定位与绝对定位相似，唯一的区别在于定位依据不同，固定定位的定位依据为浏览器的可视区域，并且是动态变换识别的，即浏览器窗口的大小变化会重新触发固定定位元素的重新定位渲染。

修改基础页面的 #third 的样式，代码如下。

```
#third {
        background-color:#B55A00;
        border:1px #B55A00 dashed;
        position: fixed;
        left: 10px;
        bottom: 30px;
}
```

效果如图 9-5 所示。

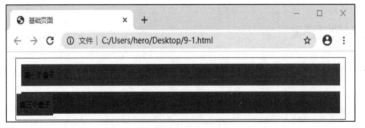

图 9-5　固定定位效果

从图 9-5 所示的效果中可以看到，第三个盒子作为定位元素，定位元素的左边缘与参考元素（浏览器可视区域）的左边缘产生 10px 的距离，即定位元素的左边缘在浏览器窗口可视区域左边缘的右侧 10px 处；定位元素的下边缘与参考元素的下边缘产生 30px 的距离，即定位元素下边缘在参考元素下边缘上方 30px 处。将浏览器的窗口高度扩大，观察第三个元素的位置变化，如图 9-6 所示。

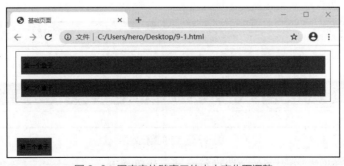

图 9-6　固定定位随窗口的大小变化而调整

综合上面的效果可以总结出固定定位的特点：使用了固定定位的元素以浏览器的可视区域为基准进行偏移；固定定位的元素从标准文档流中脱离，这意味着它们对其他元素的定位不会造成影响；如果没有给进行固定定位的元素指定宽、高，那么元素在定位之后会有类似浮动的包裹特性，即元的宽、高由内容的宽、高决定。

9.4.5 黏性定位

sticky（黏性定位）是 CSS3 新增的 position 属性值，可以说是 static（默认）和 fixed（固定定位）的结合。当采用黏性定位的元素可以正常、完整地显示在页面可视区域中时，其和标准文档流中的普通元素相同，但是一旦由于页面滚动或其他原因导致元素不能在页面可视区域内显示，黏性定位便会具有同固定定位一样的特性，即元素固定于页面固定位置，不随滚动而改变位置。

黏性定位的出现是为了解决实现页面内容不在可视区域时动态进行定位方式的变更，必须要借助 JavaScript 进行复杂烦琐的页面滚动状态的判断这一弊端。作为 CSS3 的新特性，当前主流浏览器均能正常地支持该样式属性。

修改基础页面中 #third 的样式，代码如下。

```
#third {
    background-color:#B55A00;
    border:1px #B55A00 dashed;
                                        position: sticky;
                                        top: 10px;
                                    }
```

可以通过滚动查看对应元素的位置变化。

9.4.6 z-index

从上面的例子中可以发现定位的元素最终的显示都是悬浮于标准文档流之上的，那么如果两个定位元素的定位出现了重叠，其堆叠后的效果又将如何？

修改基础页面中的样式内容，让第二个盒子和第三个盒子产生定位重叠，代码如下。

```
#second {                                #third {
    background-color:#0066CC;               background-color:#B55A00;
    border:1px #B55A00 dashed;              border:1px #B55A00 dashed;
    position: absolute;                     position: fixed;
    top: 5px;                               top: 10px;
    left: 5px;                              left: 10px;
}                                        }
```

效果如图 9-7 所示。

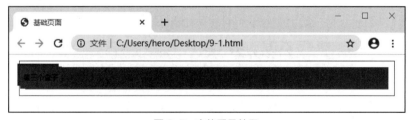

图 9-7　定位重叠效果

将第二个盒子和第三个盒子的位置进行对调，代码如下。

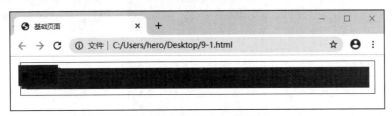

```
<body>                                          <div id="second"> 第二个盒子 </div>
    <div id="father">                       </div>
        <div id="first"> 第一个盒子 </div>   </body>
        <div id="third"> 第三个盒子 </div>
```

效果如图 9-8 所示。

图 9-8　对调后的定位重叠效果

根据图 9-7 和图 9-8 所示的效果可以得出，如果定位元素出现了堆叠现象，后出现在 HTML 代码中的定位元素的权重更高，会覆盖在之前的定位元素之上显示。

那么我们是否可以自定义这个权重，从而灵活控制定位元素的堆叠结果？答案是肯定的，利用 z-index 属性就可以定义每一个定位元素的堆叠权重。

z-index 属性表示在立体空间中垂直于页面方向的 z 轴。z-index 属性的值为整数，可以是正数也可以是负数，默认值为 0。z-index 属性值大的层位于值小的层上方，如果出现值相同的情况，则根据元素出现的先后顺序确定，后出现的会显示上层。图 9-9 所示为 z-index 层叠示意图。

可以把页面想象为一个桌面，将页面中的每一个元素看作一张硬纸片，控制 z-index 的属性值就可以调整纸片的堆叠顺序。

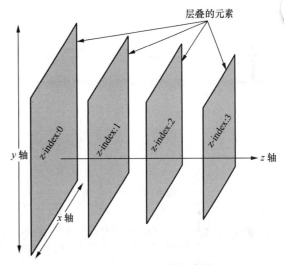

图 9-9　z-index 层叠示意图

9.5　任务实战

微课视频

制作课程
层叠角标

任务 1：制作课程层叠角标

任务要求

（1）按照图 9-10 所示的效果，在已有的 HTML 文件基础上实现课程推荐页面"课程列表"部分的课程层叠角标。

（2）使用浮动将课程单元水平排列至一行。

（3）设置 3 种右上角上层状态标志——HOT、UPAGRADE、NEW，并分别设置样式效果。

（4）使用绝对定位方式进行角标定位。

课程列表

最新课程　　　　　　　　　　　　　　　　　　　　　　　　　　　　MORE>>>

图 9-10　课程层叠角标效果

任务实施

（1）设定课程单元相对定位。

（2）设定课程单元中的角标对应元素绝对定位，并设定偏移量，使角标定位在课程单元右上角。

（3）使用 ::after 选择器设定 3 种不同的角标的样式内容。

参考代码

HTML 代码如下。

```
<!DOCTYPE html>
<html>
    <head>
        <meta charset="UTF-8">
        <title></title>
        <link rel="stylesheet" href="./css/base.css">
        <link rel="stylesheet" href="./css/common.css">
        <link rel="stylesheet" href="./css/index_class.css">
    </head>
    <body>
        <section class="index-class">
            <h2 class="index-class-h2"> 课程列表 </h2>
            <div class="index-class-title wrapper-1080">
                <h3 class="index-class-h3"> 最新课程 </h3>
                <a class="index-class-more">More</a>
            </div>
            <div class="index-class-div wrapper-1080 clear-fix">
                <a class="class-item class-badge-hot" href="#">
                    <img src="./src/images/bg1.png">
                    <div class="class-title"> 边学边做实战教学 </div>
                </a>
                <a class="class-item class-badge-upgrade" href="#">
                    <img src="./src/images/bg2.png">
```

HTML5+CSS3 Web前端开发技术（任务式）（微课版）（第2版）

```html
                <div class="class-title">10 小时原生爬虫入门 </div>
            </a>
            <a class="class-item class-badge-new" href="#">
                <img src="./src/images/bg3.png">
                <div class="class-title"> 游戏开发必备 </div>
            </a>
            <a class="class-item" href="#">
                <img src="./src/images/bg4.png">
                <div class="class-title"> 新技术新起点 </div>
            </a>
            <a class="class-item" href="#">
                <img src="./src/images/bg5.png">
                <div class="class-title"> 从游戏到编程 </div>
            </a>
            <a class="class-item" href="#">
                <img src="./src/images/bg6.png">
                <div class="class-title"> 高薪就业 </div>
            </a>
        </div>
    </section>
</body>
</html>
```

base.css 文件内容如下。

```css
/* 清除默认样式 */
* {
    margin: 0;
    padding: 0;
}
ul,
ol,
li {
    list-style: none;
}
a{
    color: #000;
    text-decoration: none;
}
```

common.css 文件内容如下。

```css
/* 元素隐藏 */
.hidden{
    display: none;
}
/* 清除浮动 8.5 新增内容 */
.clear-fix::after{
    content: "";
    display: block;
    clear: both;
}
/* 设定宽度为 1080px 的包裹 8.5 新增内容 */
.wrapper-1080{
    display: block;
    width: 1080px;
    margin: 0 auto;
}
```

index_class.css 文件内容如下。

```css
/* "成长路线" 部分 */
.index-class{
    padding: 20px 0;
    background-color: #fff;
}
```

```
.index-class-h2{
    height: 40px;
    line-height: 40px;
    text-align: center;
}
.index-class-h2::before{
    content: "";
    display: inline-block;
    text-decoration: line-through;
    width: 100px;
    border-top: 1px solid #ccc;
    margin-right: 40px;
}
.index-class-h2::after{
    content: "";
    display: inline-block;
    text-decoration: line-through;
    width: 100px;
    border-top: 1px solid #ccc;
    margin-left: 40px;
}
/* "课程列表" 部分 */
.index-class-title{
    /* . 为 index-class-title 元素增加 clear-fix 属性或使用下方注释代码方式
    实现浮动清除，二选一 */
    /* content: "";
    display: block;
    clear: both; */
    height: 40px;
    line-height: 40px;
    padding: 0 10px;
}
.index-class-h3{
    float: left; /* 配合 .index-class-title 的 class="clear-fix" 实现水平布局 */
}
.index-class-more{
    float: right; /* 配合 .index-class-title 的 class="clear-fix" 实现水平布局 */
}
.class-item{
    position: relative;
    float: left; /* 配合 .index-class-div 的 class="clear-fix" 实现水平布局 */
    width: 320px;
    height: 150px;
    margin: 30px 20px;
}
.class-title{
```

```
        position: absolute;
        left: 28px;
        bottom: 20px;
        font-size: 16px;
}
/* 设定课程右上角角标效果 */
/* 样式 1 */
.class-badge-new::after{
        content: "NEW";
        display: inline-block;
        position: absolute;
        top: -0.3em;
        right: -0.3em;
        padding: 0.3em;
        font-size: 14px;
        border-radius: 0.3em;
        background-color: #fd7e14;
        color: #fff;
        border: 1px solid #fff;
}
/* 样式 2 */
.class-badge-hot::after{
        content: "HOT";
        display: inline-block;
        position: absolute;
        top: -0.3em;
        right: -0.3em;
        padding: 0.3em;
        font-size: 14px;
        background-color: #f00;
        color: #fff;
        border-radius: 0.3em;
        border: 1px solid #fff;
}
/* 样式 3 */
.class-badge-upgrade::after{
        content: "UPGRADE";
        display: inline-block;
        position: absolute;
        top: -0.3em;
        right: -0.3em;
        padding: 0.3em;
        font-size: 14px;
        background-color: #005CBF;
        color: #fff;
        border-radius: 0.3em;
```

```
    border: 1px solid #fff;
}
```

任务 2：使用绝对定位实现用户登录页面居中

任务要求

使用绝对定位的方式实现用户登录页面中的主要内容元素水平居中且垂直居中，效果如图 9-11 所示。

图 9-11　使用绝对定位实现用户登录页面居中效果

任务实施

（1）对确定的表单内容区域进行绝对定位，但不设定相关 4 个方向上的偏移量。

（2）为绝对定位的元素设定 4 个方向的外边距为 auto，这是在不使用 JavaScript 或弹性布局时的一种绝对定位的特殊用法。

参考代码

```
<!DOCTYPE html>
<html>
<head>
    <meta charset="UTF-8">
    <title> 登录 </title>
    <link rel="stylesheet" href="./css/base.css">
    <style>
        /* 通过绝对定位实现元素完全居中 */
        body {
            position: relative;
            width: 100vw;
            height: 100vh;
        }
        form {
            width: 500px;
            height: 400px;
            position:absolute;
```

```
                top: 0;
                right: 0;
                bottom: 0;
                left: 0;
                margin: auto;
                /* 7.5 已有代码 */
                background-color: #eee;
                text-align: center;
                border: 1px solid #000;
                border-radius: 20px;
                overflow: hidden;
                box-shadow: 2px 2px 4px #666;
            }
            form h1 {
                padding: 20px 0;
                margin: 0;
                background-color: #002752;
                color: #fff;
            }
            form input {
                font-size: 20px;
                line-height: 2em;
            }
            form div {
                margin: 0 0 40px 0;
            }
        </style>
    </head>
    <body>
        <form action="" method="post">
            <div>
                <h1> 登录 </h1>
            </div>
            <div>
                <label for="username"> 账户: </label>
                <input type="text" name="username" placeholder=" 使用手机号作为账户 " required pattern="^1[3456789]\
d{9}$" />
            </div>
            <div>
                <label for="password"> 密码: </label>
                <input type="password" name="password" placeholder=" 由 6 ～ 18 位字母和数字组成 " required
pattern="^[a-zA-Z0-9]{6,18}$" />
            </div>
            <div>
                <a href="reg.html"> 没有账户，前往注册页面 </a>
            </div>
```

```
        <div>
            <input type="image" src="./src/images/login.gif" />
        </div>
    </form>
</body>
</html>
```

任务 3：固定定位置顶按钮

微课视频

固定定位
置顶按钮

任务要求

（1）将已完成的课程播放页面各部分整理为一个文件 class.html。

（2）将置顶按钮固定到页面右下角可视区域边缘附近，效果如图 9-12 所示。

图 9-12　固定定位置顶按钮效果

任务实施

（1）将已完成的课程播放页面各部分整理为一个文件 class.html，备份并修改。

（2）制作按钮并添加锚点链接实现置顶效果。

（3）为 <header> 标签添加 id 属性，作为锚点目标。

（4）将置顶按钮定位在窗口可视区域右下角。

参考代码

class.html 文件中的部分代码如下。

```
<!DOCTYPE html>
<html>
    <head>
        <meta charset="utf-8" />
        <title></title>
        <link rel="stylesheet" type="text/css" href="./css/base.css"/>
        <link rel="stylesheet" type="text/css" href="./css/common.css"/>
        <link rel="stylesheet" type="text/css" href="./css/header.css"/>
```

```html
    <link rel="stylesheet" type="text/css" href="./css/class.css"/>
    <link rel="stylesheet" type="text/css" href="./css/class_list.css"/>
    <link rel="stylesheet" type="text/css" href="./css/footer.css"/>
    <link rel="stylesheet" type="text/css" href="./css/gotop.css"/>
</head>
<body>
    <!-- 头部 -->
    <header class="header clear-fix" id="top">
        <!-- 头部左侧 -->
        <div class="header-left">
            <h1 class="logo">NOC 新云课堂 </h1>
            <nav class="nav">
                <a class="nav-item nav-active" href="#"> 首页 </a>
                <a class="nav-item" href="#"> 课程分类 </a>
                <a class="nav-item" href="#"> 直播课堂 </a>
                <a class="nav-item" href="#"> 阶段测试 </a>
            </nav>
        </div>
        <!-- 头部右侧 -->
        <div class="header-right">
            <!-- 未登录 -->
            <div class="header-right-unlogined">
                <a href="#" class="btn-login"> 登录 </a>
                <a href="#" class="btn-reg"> 注册 </a>
            </div>
        </div>
    </header>
    <!-- 播放器 -->
    <section class="player">
            <h2 class="player-title">Chrome 安装 </h2>
            <video src="./src/video/1.Chrome 安装 .mp4" id="video" class="video" width="900" controls></video>
    </section>
    <!-- 学习资料区域 -->
    <table class="resouce" width="800">
        代码省略
    </table>
    <!-- 视频列表 -->
    <section class="links">
        代码省略
    </section>
    <!-- 尾部 -->
    <footer class="footer">
        代码省略
    </footer>
    <!-- 制作按钮 -->
    <a id="gotop" href="#top">TOP</a>
```

```
    </body>
</html>
```

class.css 文件内容如下。

```
* {
    padding: 0;
    margin: 0;
}
/* 播放器 */
.player{
    width: 900px;
    margin: 0 auto;
}
.player video{
    width: 900px;
}
/* 资料区域 */
.resouce{
    width: 800px;
    border: 2px solid #000;
    margin: 0 auto;
}
.resouce caption{
    font-weight: bold;
}
.resouce th{
    color: #fff;
    font-weight: bold;
    background-color: #aaa;
```

```
}
.resouce td:nth-child(odd){
    background-color: #ccc;
}
.resouce td:nth-child(even){
    background-color: #eee;
}
.resouce a{
    font-weight: bold;
}
/* 视频列表 */
.links{
    width: 800px;
}
.links h4{
    text-align: center; /* 文本居中 */
}
.links a{
    color: orange;
    text-decoration: none; /* 去除下画线 */
}
.links .playing{
    color: red;
    text-decoration: underline; /* 添加下画线 */
}
```

base.css、common.css、class_list.css、header.css、footer.css 等文件的内容省略。

gotop.css 文件内容如下。

```
#gotop {
    /* 置顶按钮样式 */
    display: block;
    width: 50px;
    height: 50px;
    line-height: 50px;
    text-align: center;
    background-color: #005CBF;
    color: #fff;
```

```
    font-weight: bold;
    font-size: 16px;
    border: 2px solid #fff;
    border-radius: 50%;
    /* 固定定位 */
    position: fixed;
    right: 10px;
    bottom: 10px;
}
```

任务 4：黏性定位页面通用头部

微课视频

黏性定位页面
通用头部

任务要求

在本节任务 3 的基础上实现页面通用头部的黏性定位，将其定位于页面顶部，并滚动垂直滚动条验证定位是否正确，效果如图 9-13 所示。

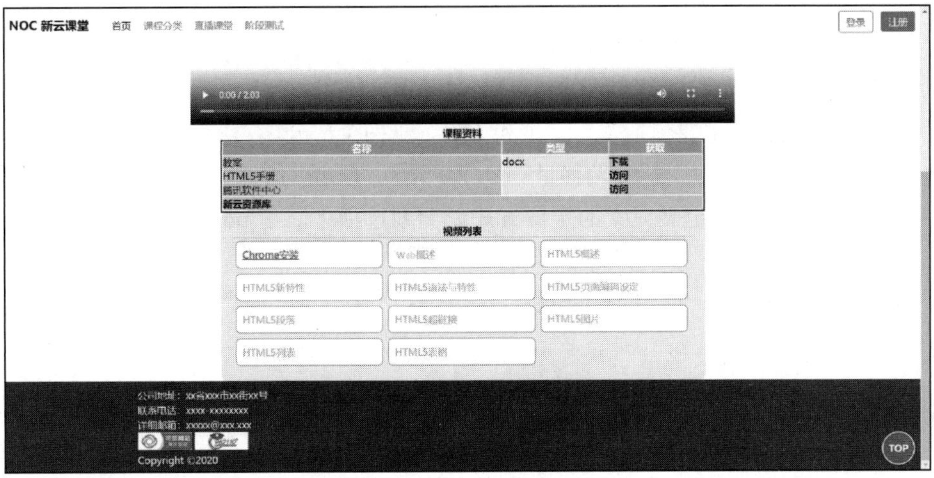

图 9-13　黏性定位页面通用头部效果

任务实施

（1）将已完成的页面内容备份并修改。

（2）为页面通用头部增加黏性定位。

（3）设定定位偏移量。

参考代码

header.css 文件修改内容如下。

```css
/* 通用头部 */
.header {
    padding: 8px; /* 设定内边距 */
    height: 40px;
    background-color: #fff;
    /* 黏性定位内容 */
    position: sticky;
    top: 0;
    left: 0;
}
```

9.6　任务小结

本任务主要讲解了定位的概念、元素的定位属性及网页常见的几种定位方式，并且完成了"新云课堂"项目课程推荐页面"课程列表"部分的层叠角标、使用绝对定位实现用户登录页面居中、固定定位置顶按钮、黏性定位页面通用头部的页面制作。

通过对本任务的学习，读者应该熟练运用定位进行页面布局，还要掌握 4 种常用定位方式的特点和使用方法。定位是 CSS 中的难点内容，读者应该多加练习，加深理解。

9.7　知识巩固

（1）对比说明 postion 属性值 fixed 与 sticky 的区别。

（2）元素的定位属性主要包括（　　　）和（　　　）两个部分。

    A. 定位方式　　　　　　　　B. 偏移量　　　　　　　　C. 绝对定位　　　　　　　　D. 相对定位

（3）position 属性用于定义元素的定位方式。下列选项中属于 position 属性值的有（　　　）。
（多选）

    A. static　　　　　　　　B. relative　　　　　　　　C. absolute　　　　　　　　D. fixed

9.8　任务拓展

任务要求

制作用户头像右上角角标消息提醒，效果如图 9-14 所示。相关参数不做规定和限制。

图 9-14　任务拓展效果

参考代码

```html
<html>
<head>
    <meta charset="UTF-8">
    <title>消息提醒 </title>
    <style>
        /* 设定头像与头像背景图 */
        #headimg{
            width: 100px;
            height: 100px;
            border: 10px solid #ccc;
            border-radius: 50%;
            /* 自定义图片背景 */
            /* background-image: url(); */
            /* 为消息区域定位提供定位参考 */
            position: relative;
        }
        /* 添加消息内容 */
        #headimg::before{
            width: 40px;
            height: 40px;
            line-height: 40px;
            text-align: center;
            background-color: #e00;
            color: #fff;
            border-radius: 50%;
            font-weight: bold;

            /* 设定主要内容 */
            content: "99";
            display: block;

            /* 向右上方偏移 */
            position: absolute;
            top: -10px;
            right: -10px;
        }
    </style>
</head>
<body>
    <!-- 头像 -->
    <div id="headimg"></div>
</body>
</html>
```

HTML5+CSS3 Web前端开发技术（任务式）（微课版）（第2版）

任务 10

利用CSS3动画美化页面

10.1　任务概述

　　通过对前面知识的学习，读者应该可以制作出简单的静态页面了。可是我们日常浏览的网页中有很多图片或按钮会伴随动画的效果，以往这些效果都是依赖动态图片、Flash 或 JavaScript 实现的，如今借助 CSS3 就可以轻松实现元素的位移、旋转、缩放、倾斜等动画效果。

　　本任务将介绍CSS3变形里的位移、旋转、缩放、倾斜、过渡，以及如何使用CSS3实现动画效果，并使用动画来为页面中的静态内容增添鼠标交互特性，应用动画样式将首页的静态大图改造成一个具有自动交替变换背景图片功能的轮播区域，从而提升页面的友好度和视觉体验。希望读者通过反复优化和修改页面的过程养成精益求精的态度。

10.2　任务目标

素质目标

（1）培养学生精益求精的工匠精神。

（2）培养学生独立思考的能力和岗位意识。

知识目标

（1）了解实现 2D 变形的属性 transform。

（2）了解实现过渡动画的属性 transition。

（3）理解通过 animation 属性实现网页动画的过程。

（4）了解轮播图的概念。

技能目标

（1）熟练使用变形与过渡制作常见的鼠标交互特效。

（2）掌握使用动画制作简单的循环特效的方法。

10.3 知识图谱

10.4 任务准备

10.4.1 变形

CSS3 变形是一些效果的集合，如位移、旋转、缩放、倾斜效果，每个效果都可以称为变形（Transform），它们可以操控元素发生平移、旋转、缩放、倾斜等变化。这些效果在 CSS3 广泛使用之前通常需要依赖动态图片、Flash 动画、JavaScript 才能实现，现在仅使用 CSS 就能实现，而不再需要额外的文件，这不仅提升了开发的效率，也提高了页面的执行效率。

CSS3 变形是通过 transform 属性实现的，它可以作用在块状元素和行内元素上。该属性可以通过函数实现元素的移动、旋转、缩放、倾斜。transform 函数及功能见表 10-1。

表10-1 transform函数及功能

函数	功能
translate()	2D 位移函数，基于 x、y 坐标重新定位元素的位置
rotate()	2D 旋转函数，在可见平面上对元素进行顺时针旋转，单位为 deg（度）
scale()	2D 缩放函数，对元素在 x 轴方向或 y 轴方向进行缩放
skew()	2D 倾斜函数，表示元素沿着 x 轴或 y 轴方向倾斜 angleX 或 angleY 角度
matrix()	2D 组合函数，将所有 2D 变形函数（旋转、缩放、位移及倾斜）组合在一起

先完成一个基础参考页面，代码如下。

```
<!DOCTYPE html>
<html>
    <head>
        <title> 基础参考页面 </title>
    </head>
    <body>
        <img src="a1.jpg" width="150px" height="150px">
        <img src="a2.jpg" width="150px" height="150px">
        <img src="a3.jpg" width="150px" height="150px">
        <img src="a4.jpg" width="150px" height="150px">
    </body>
</html>
```

HTML5+CSS3 Web前端开发技术（任务式）（微课版）（第2版）

效果如图 10-1 所示。

图 10-1　基础参考页面效果

1. translate() 2D 位移

位移指的是将元素从一个位置移动到另一个指定的位置上，使用 translate() 函数可以让元素在 *x* 轴、*y* 轴上任意移动而不影响位于 *x* 轴或 *y* 轴上的其他元素的布局。语法格式如下。

```
selector {
    transform: translate(X, Y);
}
```

```
selector {
    transform: translate(X);
}
```

这里的 X、Y 两个参数分别是水平方向的偏移量与垂直方向的偏移量。偏移量通常使用像素值进行设定。X 为正值，表示元素向右偏移对应距离；X 为负值，表示元素向左偏移对应距离。Y 为正值，表示元素向下偏移对应距离；Y 为负值，表示元素向上偏移对应距离。如果只设定 X 参数，而不提供 Y 参数，则表示仅进行水平方向的偏移。图 10-2 所示为 translate() 函数坐标示意图。

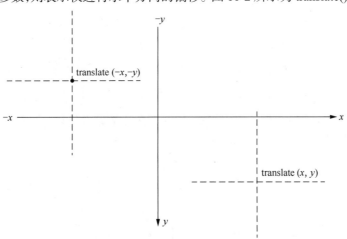

图 10-2　translate() 函数坐标示意图

将基础参考页面中的第二张图片向右移动 150px，向下移动 150px，代码如下。

```
<!DOCTYPE html>
<html>
    <head>
        <title>2D 位移 </title>
        <style>
            img:nth-child(2) {
                transform: translate(150px, 150px);
            }
        </style>
```

```
    </head>
    <body>
        <img src="a1.jpg" width="150px" height="150px">
        <img src="a2.jpg" width="150px" height="150px">
        <img src="a3.jpg" width="150px" height="150px">
        <img src="a4.jpg" width="150px" height="150px">
    </body>
</html>
```

效果如图 10-3 所示。

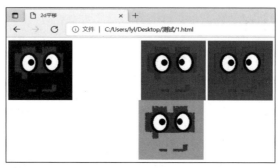

图 10-3　2D 位移效果

2. rotate() 2D 旋转

使用 rotate() 函数能够让元素在二维空间里绕某个方向旋转指定的角度。这个元素对象可以是行内元素，也可以是块状元素。元素的旋转不会影响周边元素的布局。

```
selector {
    transform: roate(X);
}
```

这里的 X 参数是一个度数值，单位为 deg，可以为正数或者负数，正数表示顺时针旋转，负数表示逆时针旋转。图 10-4 所示为 rotate() 函数旋转示意图。

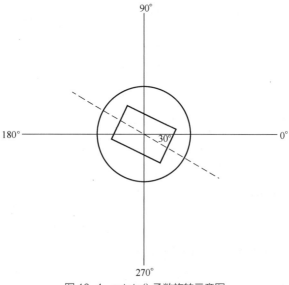

图 10-4　rotate() 函数旋转示意图

将基础参考页面中的第二张图片顺时针旋转 40°，代码如下。

```
<!DOCTYPE html>
<html>
    <head>
        <title>2D 旋转 </title>
        <style>
            img:nth-child(2) {
                transform: rotate(40deg);
            }
        </style>
    </head>
    <body>
        <img src="a1.jpg" width="150px" height="150px">
        <img src="a2.jpg" width="150px" height="150px">
        <img src="a3.jpg" width="150px" height="150px">
        <img src="a4.jpg" width="150px" height="150px">
    </body>
</html>
```

效果如图 10-5 所示。

图 10-5　2D 旋转效果

经验分享

可以发现，为第二张图设置旋转后，第一张和第三张图被旋转的元素遮盖到了。这里需要注意的是，使用 CSS3 的 transform 属性变形后图片内容对周边元素不会产生布局变化的影响，也就是说，仅仅显示内容在变化，而实际的元素的占位主体不会有变化。而变形对显示层叠还是有影响的，进行变形后的元素内容在上方显示。

这时你可能会产生一个疑问，如果产生堆叠的相关元素是浮动的或者是定位的元素，那结果又是怎样的呢？再进一步，如果两个变形元素堆叠了，那显示层次又是怎样的？当相关元素有浮动特性时，仍然被覆盖；当相关元素有定位特性或变形特性时，则按照元素在 HTML 文档结构中的排列顺序，后出现的元素覆盖先出现的元素。

所以如果出现了元素变形后的显示堆叠情况，又想让变形元素作为底，最简单的方式是调整相关元素的书写顺序；如果需要复杂的堆叠效果，则大量使用定位与定位层级权重设定会是较好的解决方法。

读者可自己动手验证效果是否如上面的规则所述。

```
<!DOCTYPE html>
<html>
    <head>
        <title>2D 旋转 </title>
        <style>
            img:nth-child(1) {
                transform: rotate(45deg);
            }
            img:nth-child(2) {
                transform: rotate(40deg);
            }
            img:nth-child(3) {
                    margin-left: -100px;
            }
        </style>
    </head>
    <body>
        <img src="a1.jpg" width="150px" height="150px">
        <img src="a2.jpg" width="150px" height="150px">
        <img src="a3.jpg" width="150px" height="150px">
        <img src="a4.jpg" width="150px" height="150px">
    </body>
</html>
```

效果如图 10-6 所示。

图 10-6　堆叠效果 1

```
<!DOCTYPE html>
<html>
    <head>
        <title>2D 旋转 </title>
        <style>
            img:nth-child(1) {
                position: relative;
            }
            img:nth-child(2) {
                transform: rotate(40deg);
            }
            img:nth-child(3) {
                position: fixed;
                left: 190px;
```

```
            }
            img:nth-child(4) {
                position: absolute;
                left: 300px;
            }
        </style>
    </head>
    <body>
        <img src="a1.jpg" width="150px" height="150px">
        <img src="a2.jpg" width="150px" height="150px">
        <img src="a3.jpg" width="150px" height="150px">
        <img src="a4.jpg" width="150px" height="150px">
    </body>
</html>
```

效果如图 10-7 所示。

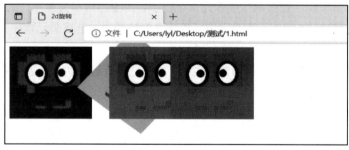

图 10-7　堆叠效果 2

3. scale() 2D 缩放

缩放指的是将元素按照指定缩放倍数进行放大或缩小，使用 scale() 函数可以让元素在 x 轴、y 轴上按指定的缩放倍数缩放。语法格式如下。

```
selector {
    transform: scale(X, Y);
}


selector {
```

```
    transform: scale(X);
}
```

为基础参考页面中的第二张图片设置缩放，代码如下。

```
<!DOCTYPE html>                                  </head>
<html>                                           <body>
    <head>                                           <img src="a1.jpg" width="150px" height="150px">
        <title>2D 缩放 </title>                      <img src="a2.jpg" width="150px" height="150px">
        <style>                                      <img src="a3.jpg" width="150px" height="150px">
            img:nth-child(2) {                       <img src="a4.jpg" width="150px" height="150px">
                transform: scale(2);             </body>
            }                                    </html>
        </style>
```

效果如图 10-8 所示。

图 10-8　缩放效果

4. skew() 2D 倾斜

使用 skew() 函数能够让元素倾斜显示从而产生扭曲效果，即让一个对象保持其中心位置不变在 x 轴和 y 轴方向上按照一定的角度倾斜，并且不会影响周边元素的布局。具体的语法如下。

```
selector {
    transform: skew(X, Y);
}


selector {
    transform: skew(X);
}
```

skew() 函数中的变量值 X 用于指定元素水平（x 轴）方向的倾斜角度；变量值 Y 用于指定元素垂直（y 轴）方向的倾斜角度。倾斜角度的单位为 deg。

```
<!DOCTYPE html>                                  </head>
<html>                                           <body>
    <head>                                           <img src="a1.jpg" width="150px" height="150px">
        <title>2D 倾斜 </title>                      <img src="a2.jpg" width="150px" height="150px">
        <style>                                      <img src="a3.jpg" width="150px" height="150px">
            img:nth-child(2) {                       <img src="a4.jpg" width="150px" height="150px">
                transform: skew(20deg,20deg);    </body>
            }                                    </html>
        </style>
```

效果如图 10-9 所示。

图 10-9　2D 倾斜效果

10.4.2　过渡

上面讲的是元素变形，元素仍然是静态的，没有动起来。那么如何借助 CSS 让页面元素动起来？ CSS3 中的 transition 和 animation 两个属性都可以实现动画效果。其中，transition 属性用于实现过渡效果。

1. transition

transition 属性呈现的是一种过渡，是一种动画转换的过程，如渐现、渐弱、动画快慢等。transition 属性和 CSS3 的其他属性一样，离不开浏览器对它的支持。在早期使用时，transition 属性需要带上各浏览器的前缀，现在虽然主流浏览器已经能良好地支持过渡了，但是最好还是养成添加浏览器前缀的习惯。

transition 有 4 个属性，见表 10-2。

表10-2　transition的4个属性

属性	说明
transition-property	过渡属性，指定过渡或动态模拟的 CSS 属性
transitin-duration	过渡所需的时间，指定完成过渡所需要的时间
transition-timing-function	过渡动画函数
transition-delay	过渡延迟时间，指定过渡开始出现的延迟时间

transition 属性的合并写法如下。

transition: transition-property transition-duration transition-timing-function transition-delay

为了方便记忆，可以使用中文表示。

transition: 过渡属性 过渡所需的时间 过渡动画函数 过渡延迟时间

如果将 transition 属性值设为 transition，则表示声明设置所有过渡属性。

需要注意的是，4 个属性之间不能使用逗号分隔，而应使用空格分隔。

下面将一一介绍这 4 个属性的用途和用法。

transition-property 属性用来定义过渡效果的 CSS 属性名称，分成以下两种情况。

- ident：指定 CSS 属性（width、height、background-color 等属性），当指定样式属性发生变化时，会按后面设定的相应规则进行变化。

- all：指定所有元素支持 transition-property 属性的样式，一般为了方便都会使用 all。

transition-duration 属性用来定义过渡效果的时间长度，即从设置旧属性到换新属性所花费的时间，单位为 s。这个时间值可以为正值、负值或 0。正值表示元素过渡效果不会立即触发，过了设置的时间后才会被触发；负值表示元素过渡效果会从该时间点开始显示，之前的动作被截断；0 为默认值，表示元素过渡效果立即执行。

transition-timing-function 属性用来指定浏览器的过渡速度，以及过渡期间的操作进展情况，通过给过渡添加一个函数来指定动画的快慢。

transition-timing-function 属性有 5 个预设值，见表 10-3。

表10-3 transition-timing-function属性的5个预设值

预设值	说明
ease	默认值，元素样式从初始状态过渡到终止状态时速度由慢到快，再以慢速结束
linear	匀速运动，元素样式从初始状态过渡到终止状态时速度保持不变
ease-in	渐显效果，元素样式从初始状态过渡到终止状态时速度越来越快
ease-out	渐隐效果，元素样式从初始状态过渡到终止状态时速度越来越慢
ease-in-out	渐显渐隐效果，元素样式从初始状态过渡到终止状态时速度先加速再减速

transition-delay 属性用来指定一个动画开始执行的时间，也就是说，改变元素属性值多长时间后开始执行过渡效果。

新建如下页面，设置鼠标指针移入 div 元素后的效果。

```
<!DOCTYPE html>
<html>
<head>
    <title>transition-property 的使用 </title>
    <style>
        div{
            background-color: red;
            width: 200px;
            height: 200px;
            /* 指定动画过渡的 CSS 属性 过渡时间 过渡动画 延迟时间 */
            transition:  background-color 2s ease-in-out 3s;
            -moz-transition:  background-color 2s ease-in-out 3s;
            -webkit-transition:  background-color 2s ease-in-out 3s;
            -o-transition:  background-color 2s ease-in-out 3s;
        }
        div:hover{
            background-color: yellow;
        }
    </style>
</head>
<body>
    <div></div>
</body>
</html>
```

上面的代码仅对背景颜色的变化设定了过渡规则，但是如果需要同时为背景颜色与宽度变化指定相应的过渡规则，以上写法就不能正确生效，其中部分过渡规则会失效。

当需要为多个样式设定过渡规则时，可以使用 transition 属性的拆分写法。

示例如下。

```
<!DOCTYPE html>
<html>
<head>
    <title>同时指定多个过渡样式 </title>
    <style>

        div{
            background-color: red;
            width: 200px;
            height: 200px;
            transition-property: background-color width;
            transition-duration: 2s;
            transition-timing-function: ease-in-out;
            transition-delay: 1s;
        }
        div:hover{
            background-color: yellow;
            width: 400px;
        }
    </style>
</head>
<body>
    <div></div>
</body>
</html>
```

2. 过渡触发机制

回顾上面示例中的过渡动画，如果没有鼠标指针移入的效果去触发过渡，其实 div 是不会发生任何变化的。示例采用的过渡触发机制是 hover 伪类触发。过渡触发机制见表 10-4。

表10-4　过渡触发机制

触发类型	说明
伪类触发	：hover、：active、：focus、：checked
媒体查询	可以通过 @media 属性判断设备的尺寸、方向等
脚本触发	用 JavaScript 脚本触发

经验分享

在实际项目中，大多数为提高用户与页面的互动而设计的动画，其触发方式都是 hover 伪类触发，因为用户的操作以鼠标为主。而具有复杂连贯性的展示型动画，多使用技术成熟的动画、视频或通用的 JavaScript 插件去实现。

10.4.3　动画

前面已经详细介绍了如何使用 CSS3 的 transition 属性实现一些过渡的动画效果。animation 属性实现动画的方法和 transition 属性实现过渡非常类似，都是通过改变元素的属性值来实现动画效果。Animation 属性实现动画效果有两个步骤：一是通过类似 Flash 动画的关键帧来声明一个动画，二是在 animation 属性中调用关键帧声明的动画实现一个更为复杂的动画效果。

1. 帧动画组合的声明

下面是一个具体的示例。

```
<!DOCTYPE html>
<html>
<head>
    <title>animation 的使用 </title>
    <style>
        div {
            width: 100px;
            height: 100px;
            background: red;
            /* 调用动画 */
            animation: spread 2s linear infinite;
            -webkit-animation: spread 2s linear infinite;
            -moz-animation: spread 2s linear infinite;
            -o-animation: spread 2s linear infinite;
        }
        /* 创建动画关键帧 */
        @keyframes spread {
            0% {
                width: 0;
                transform: translate(100px, 0);
            }
            25% {
                width: 20px;
                transform: translate(200px, 0);
            }
            50% {
                width: 50px;
                transform: translate(300px, 0);
            }
            75% {
                width: 70px;
                transform: translate(200px, 0);
            }
            100% {
                width: 100px;
                transform: translate(100px, 0);
            }
        }
        @-webkit-keyframes spread {
            0% {
                width: 0;
                transform: translate(100px, 0);
            }
            25% {
                width: 20px;
                transform: translate(200px, 0);
            }
            50% {
                width: 50px;
                transform: translate(300px, 0);
            }
            75% {
                width: 70px;
                transform: translate(200px, 0);
            }
            100% {
                width: 100px;
                transform: translate(100px, 0);
            }
        }
    </style>
</head>
<body>
    <div></div>
</body>
</html>
```

使用以上代码新建页面，可以看到一个可以不停进行动态变换的 div 元素。下面分析代码各部分的作用。

假设有以下这段代码。

```
@keyframes spread {
    0% {
        width: 0;
        transform: translate(100px, 0);
    }
    100% {
        width: 100px;
        transform: translate(100px, 0);
    }
}
```

在 CSS3 中，@keyframes 被称为关键帧。帧的概念，简单来说就是我们看到的动画并非连贯的，而是在极小的时间间隔内进行多张图片（帧）的依次切换得到的。也就是说关键帧是组成动画的图片中的一张。在 CSS 中，关键帧还可以用来设置多段属性，而不是单一的起始与终止。语法格式如下。

```
@keyframes 自定义组合名称 {
    from {
        /* 第一帧的 CSS 样式写在这里 */
    }
    percentage {
        /* 对应百分比的帧的 CSS 样式写在这里 */
    }
    to {
        /* 最后一帧 CSS 样式写在这里 */
    }
}
```

这段代码用来将多个帧进行打包组合以便可以直接调用。自定义组合名称应尽可能语义化，方便阅读，例如关于轮播图的一组关键帧动画组合名可以设定为 loop-kf。在这个组合中可以使用 from{}、to{}、percentage{} 的方式指定过程中的帧数以及每一帧所对应的样式内容。from 帧相当于 0% 帧，即动画的第一帧，动画的起始状态；to 帧对应 100% 帧，即动画的最后一帧，动画的结束状态。

下面分析前面的示例中创建动画关键帧的代码。

```
@keyframes spread {
    0% {
        width: 0;
        transform: translate(100px, 0);
    }
    25% {
        width: 20px;
        transform: translate(200px, 0);
    }
    50% {
        width: 50px;
```

```
        transform: translate(300px, 0);
    }
    75% {
        width: 70px;
        transform: translate(200px, 0);
    }
    100% {
        width: 100px;
        transform: translate(100px, 0);
    }
}
```

示例代码表示该动画组合分为 0%、25%、50%、75%、100% 共 5 帧，对应元素会以宽度按 0、20px、50px、75px、100px 变化，从左向右移动距离按 100px、200px、300px、200px、100px 变化的趋势进行改变。

2. 帧动画组合的调用

@keyframes 只是用来声明一个动画，如果不通过 CSS 样式来调用这个动画，是没有任何效果的。因为这个时候仅定义了一套变化的过程，但是并没有让这个动画的过程与时间结合。animation 的调用语法如下。

```
animation: animation-name animation-duration animation-timing-function animation-delay animation-iteration-count animation-direction animation-play-state animation-fill-mode;
```

animation 属性及说明见表 10-5。

表10-5 animation属性及说明

属性	说明
animation-name	动画组合名，要调用的动画组合名由 @keyframes 定义
animation-duration	动画持续时间，即动画的一个完整过程的用时
animation-timing-function	动画时间函数，通过时间函数进行动画过程中的速率设定
animation-delay	动画播放延迟，即动画播放前的等待时间
animation-iteration-count	动画计数，用于设定动画的播放次数。默认值为 1。可以设定为正整数，表示对应正整数次数；也可以设定为 infinite，表示无限循环
animation-direction	动画播放方向，用于设定动画按照 keyframes 设定的顺序正序或者逆序播放。默认值为 normal，表示正序播放；值 alternate 则表示逆序播放
animation-play-state	动画播放状态，提供给 JavaScript 进行动画播放状态的管理。设定值为 running 时播放，设定值为 paused 时暂停
animation-fill-mode	用于动画播放前后，规定动画在播放之前或之后，其动画效果是否可见

其中，animation-timing-function 的 5 个预设值与 transition-timing-function 的相同，见表 10-3。CSS3 动画的触发机制与过渡触发机制相同，见表 10-4。

下面来总结使用 animation 属性实现动画效果的步骤。

（1）利用 @keyframes 规则创建动画，需自定义动画名称和关键帧及对应的动画状态。

（2）为要添加动画的元素添加动画属性，可以用 animation 属性综合设置动画属性，也可以分别设置 animation-name 属性，以及该属性值为 @keyframes 时定义的动画。注意 animation-name 属性、animation-duration 属性和 animation-iteration-count 属性是必需的。

10.5 任务实战

微课视频

制作鼠标指针
悬浮过渡效果

任务 1：制作鼠标指针悬浮过渡效果

任务要求

为已有的课程推荐页面中的"成长路线"部分对应的元素增加鼠标指针悬停特效。鼠标指针悬停的"成长路线"部分整体放大 1.2 倍，增加盒子阴影，阴影颜色为 #aaaaaa，阴影的大小自行设定为合适大小，课程单元内部字体颜色变更为 orange，效果如图 10-10 所示。

图 10-10 鼠标指针悬停过渡效果

（1）对已完成的页面内容进行备份并修改。

（2）增加对应"成长路线"部分的 hover 伪类样式。

（3）在伪类样式中增加 2D 变形与阴影样式。

参考代码

HTML 代码如下。

```html
<!DOCTYPE html>
<html>
    <head>
        <meta charset="UTF-8">
        <title></title>
        <link rel="stylesheet" href="./css/base.css">
        <link rel="stylesheet" href="./css/common.css">
        <link rel="stylesheet" href="./css/index_ways.css">
    </head>
    <body>
        <!-- 成长路线 -->
        <section class="ways">
            <h2 class="ways-title"> 成长路线 </h2>
            <div class="wrapper-1080 clear-fix">
                <a class="way" href="#">
                    <div class="way-img-wrapper">
                        <img src="./src/images/ke1.png">
                    </div>
                    <div class="way-title">Web 前端工程师之路 </div>
                </a>
                <a class="way" href="#">
                    <div class="way-img-wrapper">
                        <img src="./src/images/ke2.png">
                    </div>
                    <div class="way-title">Java 工程师之路 </div>
                </a>
                <a class="way" href="#">
                    <div class="way-img-wrapper">
                        <img src="./src/images/ke3.png">
                    </div>
                    <div class="way-title">Python 工程师之路 </div>
                </a>
            </div>
        </section>
    </body>
</html>
```

common.css 文件内容如下。

```css
/* 元素隐藏 */
.hidden{
    display: none;
}
/* 清除浮动 8.5 新增内容 */
.clear-fix::after{
    content: "";
    display: block;
```

```css
    clear: both;
}
/* 设定宽度为 1080px 的包裹 8.5 新增内容 */
.wrapper-1080{
    display: block;
    width: 1080px;
    margin: 0 auto;
}
```

index_ways.css 文件内容如下。

```css
/* 成长路线 */
.ways {
    padding: 20px;
    background-color: #f0f0f0;
}
.ways-title {
    height: 40px;
    line-height: 40px;
    text-align: center;
}
.ways-title::before {
    content: "";
    display: inline-block;
    text-decoration: line-through;
    width: 100px;
    border-top: 1px solid #ccc;
    margin-right: 40px;
}
.ways-title::after {
    content: "";
    display: inline-block;
    text-decoration: line-through;
    width: 100px;
    border-top: 1px solid #ccc;
    margin-left: 40px;
}
.way {
```

```css
    float: left;
    margin: 20px;
    width: 320px;
    border-radius: 20px;
    box-shadow: 4px 4px 4px 4px #aaa;
    overflow: hidden;
}
.way-img-wrapper {
    width: inherit;
    height: 150px;
}
.way-img-wrapper img {
    width: 100%;
    height: 100%;
}
.way-title {
    height: 50px;
    line-height: 50px;
    text-align: center;
    background-color: #fff;
    font-weight: bold;
}
/* 增加鼠标指针悬停动画效果 */
.way:hover{
    color: orange;
transform: scale(1.2);
}
```

任务2：使用动画制作轮播区域

微课视频

使用动画制作
轮播区域

任务要求

（1）基于以下代码制作课程推荐页面的轮播区域，设定宽为1200px、高为400px。

（2）为轮播区域的 .swiper-item 对应的元素添加动画样式，使其可以每8s进行一次轮播图片的更换，且不限次数循环执行，首次动画延迟2s，动画切换速度为 ease-in-out。

```html
<body>
    <!-- 轮播区域 -->
```

```
<section class="swiper">
    <a href="#">
        <div class="swiper-item" id="loop-img"></div>
    </a>
</section>
</body>
```

效果如图 10-11 所示。

图 10-11　轮播区域效果

任务实施

（1）制作轮播区域页面。

（2）使用轮播区域的 div 元素背景图片的更换来实现轮播效果。

（3）制作帧动画组合。

（4）绑定帧动画。

参考代码

HTML 代码如下。

```
<!DOCTYPE html>
<html>
    <head>
        <meta charset="UTF-8">
        <title></title>
        <link rel="stylesheet" href="./css/swiper.css">
    </head>
    <body>
        <!-- 轮播区域 -->
        <section class="swiper">
            <a href="#">
                <div class="swiper-item" id="loop-img"></div>
            </a>
        </section>
    </body>
</html>
```

swiper.css 文件内容如下。

```
/* 轮播区域 */
.swiper {
```

```css
    height: 400px;
}
.swiper-item {
    width: 1200px;
    height: 400px;
    margin: 0 auto;
    /* 注意图片路径根据 CSS 文件去寻找 */
    background-image: url(../src/images/swiper1.png);
    background-position: center;
    background-repeat: no-repeat;
    background-size: contain;
}
/* 增加动画 */
@keyframes loop {
    from {
        background-image: url(../src/images/swiper1.png);
    }
    25% {
        background-image: url(../src/images/swiper1.png);
    }
    50% {
        background-image: url(../src/images/swiper2.png);
    }
    75% {
        background-image: url(../src/images/swiper2.png);
    }
    to {
        background-image: url(../src/images/swiper1.png);
    }
}
@-webkit-keyframes loop {
    0% {
        background-image: url(../src/images/swiper1.png);
    }
    25% {
        background-image: url(../src/images/swiper1.png);
    }
    50% {
        background-image: url(../src/images/swiper2.png);
    }
    75% {
        background-image: url(../src/images/swiper2.png);
    }
    100% {
        background-image: url(../src/images/swiper1.png);
    }
```

```
    }
    /* 调用动画 */
    #loop-img {
        animation: loop 8s ease-in-out 2s infinite;
    }
```

10.6　任务小结

本任务主要讲解了 CSS3 高级特性，介绍了 CSS3 变形、过渡、动画的设置方法，并且完成了"新云课堂"项目的鼠标指针悬停过渡效果和轮播区域效果。

通过对本任务的学习，读者应该掌握 CSS3 中用于实现变形、过渡、动画的属性，并能够熟练使用相关属性实现元素的位移、旋转、缩放、倾斜，以及过渡和动画等效果。

10.7　知识巩固

（1）对比说明过渡与动画的相同点与不同点。
（2）简述动画制作的过程。

10.8　任务拓展

任务要求

使用动画实现打字机动态输入的文字效果（文字从左向右依次出现，并且右侧显示闪动的输入光标），如图 10-12 所示。

> 纯CSS3打字效果哦……|

图 10-12　任务拓展效果

参考代码

```
<!DOCTYPE html>
<html>
    <head>
        <meta charset="UTF-8">
        <title>Document</title>
        <style>
            * {
                margin: 0;
                padding: 0;
            }
            @keyframes typing {
                from {
                    width: 0;
```

```
                }
            }
            @keyframes blink-caret {
                50% {
                    border-color: transparent;
                }
            }
        h1 {
            font: bold 200% Consolas, Monaco, monospace;
            border-right: 0.1em solid;
            width: 16.5em;
            /* fallback */
            width: 30ch;
            /* # of chars */
            margin: 2em 1em;
            white-space: nowrap;
            overflow: hidden;
            animation: typing 3s steps(30, end),
                /* # of steps = # of chars */
                blink-caret 0.5s step-end infinite alternate;
        }
    </style>
</head>
<body>
    <h1> 纯 CSS3 打字效果哦…… </h1>
</body>
</html>
```

任务

使用CSS3弹性盒子布局页面

11

11.1 任务概述

计算机技术越来越完善，对人类生活的影响也越来越显著。在 5G（5th Generation Mobile Communications Technology，第五代移动通信技术）背景下，计算机互联网技术逐渐成为转变人们思维方式与生活理念的基本要素，作为网站底层基础的前端开发也将迎来全新的发展浪潮，通过技术革新与应用的方式提升计算机互联网技术的实用性和有效性。所以，前端开发人员要不断提升自己的知识和技能，为社会主义现代化的事业做出贡献，并完成自我价值的提升。

弹性盒子（Flexible Box，简称 Flex）布局是 CSS3 的一种新的布局模式，是一种当页面需要适应不同的屏幕大小以及设备类型时确保元素拥有恰当的行为的布局方式。弹性盒子布局的设计目标是提供一种有效的方法，对一个容器中的子元素进行排列、对齐和分配空白空间，从而避免传统 div+CSS 布局方式因需要依赖大量的盒子模型内外边距调整而导致项目页面宽度灵活适应性差，或因混乱的边距使用方式而导致项目难以修改和维护。

弹性盒子的优势体现在移动端，可以快速实现各种灵活的布局，提高开发效率。

本任务将对之前使用浮动方式布局的页面通过弹性盒子进行改造。

11.2 任务目标

素质目标

（1）培养学生的创新意识。

（2）培养学生的职业素养。

（3）培养学生与本专业发展相适应的劳动素养。

知识目标

（1）了解弹性盒子的特点与优势。

（2）掌握弹性盒子布局。

技能目标

（1）掌握使用弹性盒子布局替换浮动布局的方法。

（2）熟练使用弹性盒子布局。

11.3　知识图谱

11.4　任务准备

11.4.1　弹性盒子

传统布局基于盒子模型，依赖 display、float、position 等属性。传统布局对于特殊布局非常不方便，比如垂直居中就不容易实现。并且，传统布局代码冗长、出错率高，要时刻注意清除浮动或者在进行绝对定位时给父元素添加相对定位，否则就容易造成页面布局混乱。

Flex 布局就可以避免以上情况。Flex 布局可以为盒子模型提供最大的灵活性与便捷性。任何一个容器都可以指定为 Flex 布局，形成弹性盒子。弹性盒子可以是块状元素，也可是行内元素。弹性盒子由两部分组成：容器和项目。容器指的是被设定为弹性盒子的父元素，项目指的是位于容器中的子元素。容器和项目的概念是相对的，一个 Flex 布局中的项目元素也可以设定为弹性盒子，作为其内部的子元素的容器，这些子元素是该容器的项目。

需要注意的是，设为 Flex 布局以后，子元素的 float、clear 和 vertical-align 属性将失效。

下面先实现一个简单的 Flex 布局作为基础案例，代码如下。

```
<!DOCTYPE html>
<html>
<head>
    <meta charset="utf-8">
    <title> 弹性盒子 </title>
    <style>
.flex-container {
    display: flex;
    width: 400px;
    height: 300px;
    background-color: lightblue;
}

.flex-item {
    width: 100px;
    height: 100px;
```

```
}
.flex-item-1{
    background-color: orange;
}
flex-item-2{
    background-color: burlywood;
}
.flex-item-3{
    background-color: bisque;
}
</style>
</head>
<body>
<div class="flex-container">
    <div class="flex-item flex-item-1">flex item 1</div>
    <div class="flex-item flex-item-2">flex item 2</div>
```

<div class="flex-item flex-item-3">flex item 3</div>   </body>
</div>   </html>

将页面文件保存后运行，将会得到图 11-1 所示的效果。

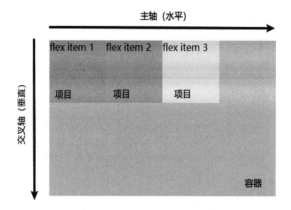

图 11-1　简单 Flex 布局效果

外部 div 充当了弹性盒子，也就是容器；内部 div 则作为项目。容器默认存在两根轴：主轴，默认为水平方向从左向右的矢量；交叉轴，矢量方向与主轴垂直。3 个项目首先沿主轴方向进行排列，即从左向右水平排列；之后再在每个项目所在的交叉轴方向进行对齐，默认项目靠近主轴一侧对齐并垂直完全填充。这里由于项目已经设定了宽、高，设定高度致使项目在交叉轴上仅靠近主轴对齐，而没有进行拉伸填充。

11.4.2　弹性盒子容器属性

弹性盒子容器有 flex-direction、flex-wrap、justify-content、align-item、align-content 等常用属性。

1. flex-direction

flex-direction 属性决定主轴的方向（即项目的排列方向）。属性值如下。

- row：默认值，主轴为水平方向，起点在容器左上角，终点在右上角，方向向右。
- row-reverse：主轴为水平方向，起点在容器右上角，终点在左上角，方向向左。
- column：主轴为垂直方向，起点在容器左上角，终点在左下角，方向向下。
- column-reverse：主轴为垂直方向，起点在容器左下角，终点在左上角，方向向上。

分别在前面的基础案例的 .flex-container 样式中添加 flex-direction:row、flex-direction:row-reverse、flex-direction:column、flex-direction:column-reverse，代码如下。

```
.flex-container {                      /* flex-direction: column-reverse; */
    display: flex;                      width: 400px;
    flex-direction: row;                height: 300px;
    /* flex-direction: row-reverse; */  background-color: lightblue;
    /* flex-direction: column; */   }
```

效果如图 11-2 ～图 11-5 所示。

微课视频

使用 CSS3
弹性盒子布
局页面 2

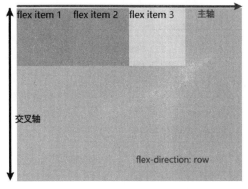

图 11-2　flex-directin:row 效果

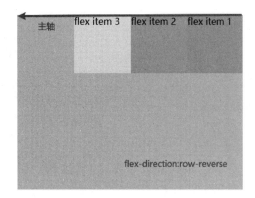

图 11-3　flex-direction:row-reverse 效果

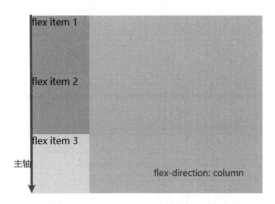

图 11-4　flex-direction:column 效果

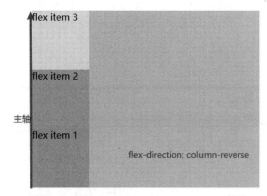

图 11-5　flex-direction:column-reverse 效果

这里把主轴看作沿着容器上边缘和左边缘的一条有方向的线，交叉轴则是垂直于主轴的，交叉轴的方向并不重要，可以将其看作双向的。

2. flex-wrap

flex-wrap 属性用于决定弹性盒子容器是单行还是多行，同时横轴的方向决定了新行堆叠的方向。flex-wrap 的属性值如下。

- nowrap：默认值，不换行，如果项目总长超过容器，则项目在主轴方向上进行平均压缩。
- wrap：可以换行，新行在远离主轴一侧生成。
- wrap-reverse：可以换行，新行在靠近主轴一侧生成。

新建页面文件，在其中编写如下代码。

```
<!DOCTYPE html>
<html>
<head>
    <meta charset="utf-8">
    <title> 弹性盒子 </title>
    <style>
.flex-container {
    display: flex;
    flex-direction: row;
```

```
    flex-wrap: nowrap;
    /* flex-wrap: wrap; */
    /* flex-wrap: wrap-reverse; */
    width: 400px;
    height: 300px;
    background-color: lightblue;
}
.flex-item {
    width: 100px;
```

```
        height: 100px;                           <div class="flex-item">1</div>
        margin: 5px;                             <div class="flex-item">2</div>
        background-color: orange;                <div class="flex-item">3</div>
    }                                            <div class="flex-item">4</div>
    </style>                                     <div class="flex-item">5</div>
</head>                                          </div>
<body>                                           </body>
<div class="flex-container">                     </html>
```

分别在 .flex-container 样式中添加 flex-wrap: nowrap、flex-wrap: wrap、flex-wrap: wrap-reverse。
效果如图 11-6 ～图 11-8 所示。

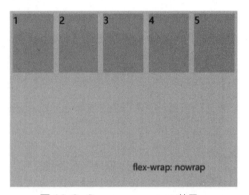

图 11-6　flex-wrap:nowrap 效果

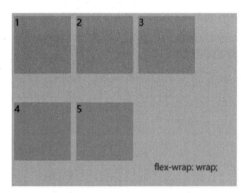

图 11-7　fle-wrap: wrap 效果

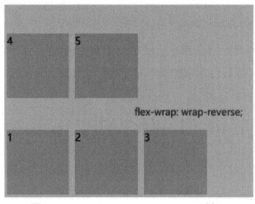

图 11-8　flex-wrap: wrap-reverse 效果

3. justify-content

justify-content 属性用于定义项目在主轴上的对齐方式，其属性值如下。

● flex-start：默认值，在主轴方向上靠近起点一侧对齐。

● flex-end：在主轴方向上靠近终点一侧对齐。

● center：在主轴方向上居中。

● space-between：两端对齐，项目之间的间隔都相等，两侧不留空间。

● space-around：每个项目两侧的间隔相等，项目之间的间隔比两侧项目与容器边缘的间隔
大一倍。

● space-evenly：项目之间的间隔和两侧项目与容器边缘的间隔都相等，平均分割容器的剩余空间。

新建页面文件，在其中编写如下代码。

```
<!DOCTYPE html>
<html>
<head>
    <meta charset="utf-8">
    <title> 弹性盒子 </title>
    <style>
    .flex-container {
        margin: 30px;
        display: flex;
        justify-content: flex-start;
        /* justify-content: flex-end; */
        /* justify-content: center; */
        /* justify-content: space-between; */
        /* justify-content: space-around; */
        /* justify-content: space-evenly; */
        width: 400px;
        height: 300px;
        background-color: lightblue;
    }
    .flex-item {
        width: 100px;
        height: 100px;
        margin: 5px;
        background-color: orange;
    }
    </style>
</head>
<body>
<div class="flex-container">
    <div class="flex-item">1</div>
    <div class="flex-item">2</div>
    <div class="flex-item">3</div>
</div>
</body>
</html>
```

分别在 .flex-container 样式中添加 justify-content: flex-start、justify-content: flex-end、justify-content: center、justify-content: space-between、justify-content: space-around、justify-contet: space-evenly。

效果如图 11-9 所示。

4. align-item

align-item 属性用于定义项目在交叉轴上如何对齐，其属性值如下。

● flex-start：在交叉轴方向上靠近起点一侧对齐。

● flex-end：在交叉轴方向上靠近终点一侧对齐。

● center：在交叉轴方向上居中。

● baseline: 项目的第一行文字的基线对齐。

● stretch：默认值，如果项目未设置高度或高度设为 auto，项目将占满整个容器的高度。

新建页面文件，在其中编写如下代码。

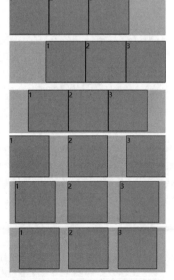

图 11-9　justify-content 效果

```
<!DOCTYPE html>
<html>
<head>
    <meta charset="utf-8">
    <title> 弹性盒子 </title>
    <style>
```

```
.flex-container {
    margin: 30px;
    display: flex;
    align-items: flex-start;
    /* align-items: flex-end; */
    /* align-items: center; */
```

```
/* align-items: stretch; */                    }
/* align-items: baseline; */            .flex-item3 {
    width: 400px;                           width: 100px;
    height: 300px;                          height: auto;
    background-color: lightblue;            border: 1px solid #000;
}                                           background-color: orange;
.flex-item1 {                               font-size: 15px;
    width: 100px;                       }
    height: 30px;                   </style>
    border: 1px solid #000;     </head>
    background-color: orange;   <body>
    font-size: 20px;            <div class="flex-container">
}                                   <div class="flex-item1">1</div>
.flex-item2 {                       <div class="flex-item2">2</div>
    width: 100px;                   <div class="flex-item3">3</div>
    height: 80px;               </div>
    border: 1px solid #000;     </body>
    background-color: orange;   </html>
    font-size: 10px;
```

分别在 .flex-container 样式中添加 align-items: flex-start、align-items: flex-end、align-items: center、align-items: stretc、align-items: baseline。

效果如图 11-10 ～图 11-14 所示。

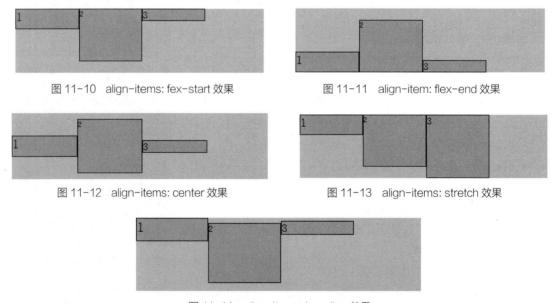

图 11-10 align-items: fex-start 效果   图 11-11 align-item: flex-end 效果

图 11-12 align-items: center 效果   图 11-13 align-items: stretch 效果

图 11-14 align-items: baseline 效果

5. align-content

align-content 属性用于定义多根轴线的对齐方式。如果项目只有一根轴线，该属性不起作用。

其属性值如下。

- flex-start：与交叉轴的起点对齐。
- flex-end：与交叉轴的终点对齐。
- center：与交叉轴的中点对齐。
- space-between：与交叉轴两端对齐，轴线之间的间隔平均分布。
- space-around：每根轴线两侧的间隔都相等，所以轴线之间的间隔比轴线与容器边缘的间隔大一倍。
- stretch：默认值，轴线占满整个交叉轴。

新建页面文件，在其中编写如下代码。

```
<!DOCTYPE html>
<html>
<head>
    <meta charset="utf-8">
    <title> 弹性盒子 </title>
    <style>
    .flex-container {
        margin: 30px;
        display: flex;
        flex-direction: row;
        flex-wrap: wrap;
        /* align-content: flex-start; */
        /* align-content: flex-end; */
        /* align-content: center; */
        /* align-content: stretch; */
        /* align-content: space-between; */
        align-content: space-around;
        width: 400px;
        height: 300px;
        background-color: lightblue;
    }
    .flex-item {
        width: 100px;
        height: 100px;
        margin: 5px;
        background-color: orange;
    }
    </style>
</head>
<body>
<div class="flex-container">
    <div class="flex-item">1</div>
    <div class="flex-item">2</div>
    <div class="flex-item">3</div>
    <div class="flex-item">4</div>
    <div class="flex-item">5</div>
</div>
</body>
</html>
```

分别在 .flex-container 样式中添加 align-content: flex-start、align-content: flex-end、align-content: center、align-content: stretch、align-content: space-between、align-content: space-around。

效果如图 11-15 ～图 11-20 所示。

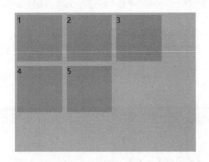

图 11-15　align-content: flex-start 效果

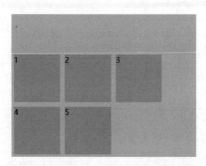

图 11-16　align-content: flex-end 效果

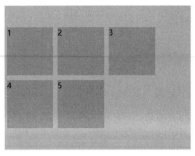
图 11-17 align-content: center 效果

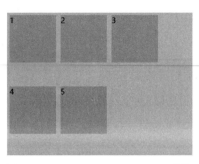
图 11-18 align-content: stretch 效果

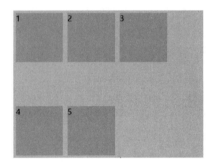
图 11-19 align-content: space-between 效果

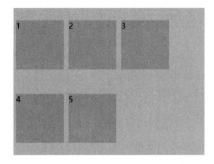
图 11-20 align-content: space-around 效果

11.4.3 弹性盒子项目属性

弹性盒子项目具有 order、flex-grow、flex-shrink、flex-basis、flex 等属性。

1. order

order 属性用于定义项目的排列顺序，数值越小，排列越靠前，默认值为 0。

新建页面文件，在其中编写如下代码。

```
<!DOCTYPE html>
<html>
<head>
    <meta charset="utf-8">
    <title> 弹性盒子 </title>
    <style>
    .flex-container {
        margin: 30px;
        display: flex;
        width: 400px;
        height: 200px;
        background-color: lightblue;
    }
    .flex-item {
        width: 100px;
        height: 100px;
    }
```

```
    .flex-item-1{
        background-color: orange;
        order: 1;
    }
    .flex-item-2{
        background-color: burlywood;
        order: 2;
    }
    .flex-item-3{
        background-color: bisque;
        order: 1;
    }
    </style>
</head>
<body>
<div class="flex-container">
    <div class="flex-item flex-item-1">1 order 1</div>
```

HTML5+CSS3 Web前端开发技术（任务式）（微课版）（第2版）

```
            <div class="flex-item flex-item-2">2 order 2</div>              </body>
            <div class="flex-item flex-item-3">3 order 1</div>             </html>
        </div>
```

效果如图 11-21 所示。

2. flex-grow

flex-grow 属性用于定义项目的放大比例，默认值为 0，表示即使存在剩余空间也不放大项目。

新建页面文件，在其中编写如下代码。

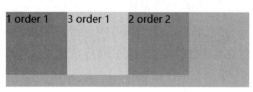

图 11-21　order 属性设置效果

```
<!DOCTYPE html>                                    }
<html>                                             .flex-item-2{
<head>                                                 background-color: burlywood;
    <meta charset="utf-8">                         }
    <title> 弹性盒子 </title>                        .flex-item-3{
    <style>                                            background-color: bisque;
    .flex-container {                                  flex-grow: 1;
        margin: 30px;                              }
        display: flex;                         </style>
        width: 400px;                          </head>
        height: 200px;                         <body>
        background-color: lightblue;           <div class="flex-container">
    }                                              <div class="flex-item flex-item-1">1</div>
    .flex-item {                                    <div class="flex-item flex-item-2">2</div>
        width: 100px;                              <div class="flex-item flex-item-3">3</di>
        height: 100px;                         </div>
    }                                          </body>
    .flex-item-1{                              </html>
        background-color: orange;
```

仅第 3 个项目设置了 flex-grow: 1，效果如图 11-22 所示。

如果给每个项目设定相同的 flex-grow: 1，则有剩余空间时，每个项目将等分剩余空间，效果如图 11-23 所示。

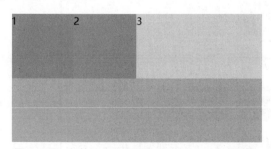

图 11-22　仅第 3 个项目设置了 flex-grow:1 的效果

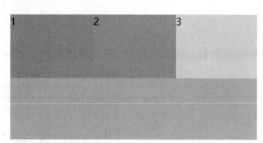

图 11-23　每个项目都设置 flex-grow: 1 的效果

3. flex-shrink

flex-shrink 属性用于定义项目的缩小比例。其默认值为 1，表示如果空间不足，该项目将缩小。如果所有项目的 flex-shrink 属性都为 1，当空间不足时，所有项目都将等比例缩小。如果一个项目的 flex-shrink 属性为 0，其他项目都为 1，则空间不足时，前者不缩小。负值对该属性无效。尽可能不要使用 flex-shrink 属性进行缩放，许多浏览器对此属性的兼容性并不好。

4. flex-basis

flex-basis 属性用于定义在分配多余空间之前，项目占据的主轴空间（Main Size）。浏览器根据这个属性计算主轴是否有多余空间。其默认值为 auto，表示项目原本的大小。其单位与 width、height 属性的单位相同。

5. flex

flex 属性是 flex-grow、flex-shrink 和 flex-basis 属性的组合。其默认值为 0 1 auto，简写值有 auto（1 1 auto 的简写）、none（0 0 auto 的简写）。建议优先使用这个属性，而不是单独写 3 个分离的属性，因为浏览器会推算相关值。

11.5　任务实战

微课视频

使用弹性盒子布局课程推荐页面

任务 1：使用弹性盒子布局课程推荐页面

任务要求

（1）使用弹性盒子重新对课程推荐页面进行布局，效果如图 11-24 所示。

（2）布局不影响原有效果。

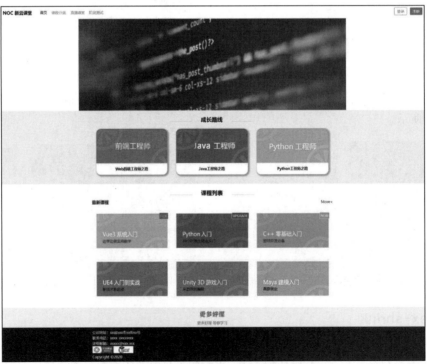

图 11-24　使用弹性盒子布局课程推荐页面效果

任务实施

弹性盒子可以无损实现浮动布局中的所有布局效果,其中应用最多的是同一行内的左右布局。浮动布局是将左右布局的子元素进行靠左或靠右的浮动,而弹性盒子只需要为进行左右布局的父元素进行弹性盒子设置,并设置水平方向的对齐方式即可。需要注意的是,使用弹性盒子设定的元素,其内部将不再支持浮动布局。

(1)将课程推荐页面的各部分代码进行整合,将页面整体看作一个从上至下排列的弹性容器,进行弹性布局。从上至下依次是页面通用头部、轮播区域、"成长路线"部分、"课程列表"部分、"更多好课"部分、页面通用尾部。

(2)去除各部分原有的浮动相关样式并使用弹性盒子替换。

参考代码

HTML 代码如下。

```html
<!DOCTYPE html>
<html>
    <head>
        <meta charset="UTF-8">
        <title></title>
        <link rel="stylesheet" href="./css/base.css">
        <link rel="stylesheet" href="./css/common.css">
        <link rel="stylesheet" href="./css/header.css">
        <link rel="stylesheet" href="./css/swiper.css">
        <link rel="stylesheet" href="./css/index_ways.css">
        <link rel="stylesheet" href="./css/index_class.css">
        <link rel="stylesheet" href="./css/more.css">
        <link rel="stylesheet" href="./css/footer.css">
        <link rel="stylesheet" href="./css/index_flexed.css">
    </head>
    <body>
        <!-- 头部 -->
        <header class="header">
            <!-- 头部左侧 -->
            <div class="header-left">
                <h1 class="logo">NOC 新云课堂 </h1>
                <nav class="nav">
                    <a class="nav-item nav-active" href="#"> 首页 </a>
                    <a class="nav-item" href="#"> 课程分类 </a>
                    <a class="nav-item" href="#"> 直播课堂 </a>
                    <a class="nav-item" href="#"> 阶段测试 </a>
                </nav>
            </div>
            <!-- 头部右侧 -->
            <div class="header-right">
                <!-- 未登录 -->
                <div class="header-right-unlogined">
```

HTML5+CSS3 Web前端开发技术（任务式）（微课版）（第2版）

```
                <a href="#" class="btn-login"> 登录 </a>
                <a href="#" class="btn-reg"> 注册 </a>
            </div>
            <!-- 已登录 -->
            <!-- <div class="header-right-logined hidden"> 欢迎 ,<a href="#"> 梁某某 </a> 同学 </div>
        </div> -->
    </header>
    <section class="flex-box">
        <!-- 轮播区域 -->
        <section class="swiper">
            <a href="#">
                <div class="swiper-item" id="loop-img"></div>
            </a>
        </section>
        <!-- 成长路线 -->
        <section class="ways">
            <h2 class="ways-title"> 成长路线 </h2>
            <div class="wrapper-1080 ways-wrapper <!-- clear-fix -->">
                <a class="way" href="#">
                    <div class="way-img-wrapper">
                        <img src="./src/images/ke1.png">
                    </div>
                    <div class="way-title">Web 前端工程师之路 </div>
                </a>
                <a class="way" href="#">
                    <div class="way-img-wrapper">
                        <img src="./src/images/ke2.png">
                    </div>
                    <div class="way-title">Java 工程师之路 </div>
                </a>
                <a class="way" href="#">
                    <div class="way-img-wrapper">
                        <img src="./src/images/ke3.png">
                    </div>
                    <div class="way-title">Python 工程师之路 </div>
                </a>
            </div>
        </section>
        <!-- 课程列表 -->
        <section class="index-class">
            <h2 class="index-class-h2"> 课程列表 </h2>
            <div class="index-class-title wrapper-1080">
                <h3 class="index-class-h3"> 最新课程 </h3>
                <a class="index-class-more">More</a>
            </div>
            <div class="index-class-div wrapper-1080 <!-- clear-fix -->">
```

```
        <a class="class-item class-badge-hot" href="#">
            <img src="./src/images/bg1.png">
            <div class="class-title"> 边学边做实战教学 </div>
        </a>
        <a class="class-item class-badge-upgrade" href="#">
            <img src="./src/images/bg2.png">
            <div class="class-title">10 小时原生爬虫入门 </div>
        </a>
        <a class="class-item class-badge-new" href="#">
            <img src="./src/images/bg3.png">
            <div class="class-title"> 游戏开发必备 </div>
        </a>
        <a class="class-item" href="#">
            <img src="./src/images/bg4.png">
            <div class="class-title"> 新技术新起点 </div>
        </a>
        <a class="class-item" href="#">
            <img src="./src/images/bg5.png">
            <div class="class-title"> 从游戏到编程 </div>
        </a>
        <a class="class-item" href="#">
            <img src="./src/images/bg6.png">
            <div class="class-title"> 高薪就业 </div>
        </a>
    </div>
</section>
<!-- 更多 -->
<section class="more">
    <div class="wrap-960">
        <div class="more-bg"></div>
        <div class="more-t"> 更多好课 等你学习 </div>
    </div>
</section>
</section>
<!-- 尾部 -->
<footer class="footer">
    <div class="footer__wrapper">
        <p class="footer__info">
            公司地址：xx 省 xxx 市 xx 街 xx 号 <br>
            联系电话：<a class="footer__info__a" href="tel://xxxx-xxxxxxxx">xxxx-xxxxxxxx</a><br>
            详细邮箱：<a class="footer__info__a" href="mailto://xxxxx@xxx.xxx">xxxxx@xxx.xxx</a><br>
        </p>
        <p class="footer__info">
            <img class="footer__info__img" src="./src/images/footer-logo-1.png" width="90" height="30">
            <img class="footer__info__img" src="./src/images/footer-logo-2.jpg" width="90" height="30">
        </p>
```

```
            <p>Copyright &copy;2020</p>
        </div>
      </footer>
   </body>
</html>
```

index_flexed.css 文件内容如下。

```
/* header */
/* swiper */
/* 首页内容区域整体垂直弹性盒子 */
flex-box{
    display: flex;
    flex-direction: column;
    justify-content: flex-start;
    align-items: center;
}
/* 成长路线 */
/* 在 HTML 代码中去除 .ways-wrapper 的 clear-fix 类 */
.ways-wrapper{
    /* 设定弹性盒子 */
    display: flex;
    flex-direction: row;
    justify-content: center;
}
.way{
    /* 去除 .way 的浮动 */
    float: none;
}
/* 课程列表 */
/* 在 HTML 代码中去除 .index-class-div 的 clear-fix 类 */
.index-class-div{
    /* 设定弹性盒子 */
    display: flex;
    flex-direction: row;
    justify-content: center;
    /* 允许换行 */
    flex-wrap: wrap;
}
.class-item{
    float: none;
}
```

任务 2：使用弹性盒子布局课程播放页面

任务要求

（1）课程播放页面由页面通用头部、播放区域、"课程资料"部分、"视频列表"

微课视频

使用弹性盒子
布局课程播放
页面

部分、页面通用尾部 5 部分构成。内容部分使用弹性盒子改造，实现水平居中，效果如图 11-25 所示。

（2）将"视频列表"部分使用弹性盒子改造为水平排列，并允许换行。

图 11-25　使用弹性盒子布局课程播放页面效果

任务实施

（1）对已完成的页面内容进行备份并修改。

（2）设定页面中除去头部、尾部的内容均包含在 section 元素中，对该元素进行弹性布局，将其设置为弹性容器。

（3）设定弹性容器的方向以及主轴对齐方式、交叉轴对齐方式，实现项目从上到下排列并水平居中。

参考代码

HTML 代码如下。

```
<!DOCTYPE html>
<html>
    <head>
        <meta charset="UTF-8">
        <title> 课程播放页面 </title>
        <link rel="stylesheet" href="./css/base.css">
        <link rel="stylesheet" href="./css/common.css">
        <link rel="stylesheet" href="./css/header.css">
        <link rel="stylesheet" href="./css/footer.css">
        <link rel="stylesheet" href="./css/class_list.css">
        <link rel="stylesheet" href="./css/class.css">
        <link rel="stylesheet" href="./css/class_flexed.css">
    </head>
    <body>
        <!-- 头部 -->
        <header class="header">
```

```html
        <!-- 头部左侧 -->
        <div class="header-left">
            <h1 class="logo">NOC 新云课堂 </h1>
            <nav class="nav">
                <a class="nav-item nav-active" href="#"> 首页 </a>
                <a class="nav-item" href="#"> 课程分类 </a>
                <a class="nav-item" href="#"> 直播课堂 </a>
                <a class="nav-item" href="#"> 阶段测试 </a>
            </nav>
        </div>
        <!-- 头部右侧 -->
        <div class="header-right">
            <!-- 未登录 -->
            <div class="header-right-unlogined">
                <a href="#" class="btn-login"> 登录 </a>
                <a href="#" class="btn-reg"> 注册 </a>
            </div>
            <!-- 已登录 -->
            <div class="header-right-logined hidden"> 欢迎 ,<a href="#"> 梁某某 </a> 同学 </div>
        </div>
    </header>
    <section class="flex-box">
        <!-- 播放器 -->
        <section class="player">
            <h1>Chrome 安装 </h1>
            <video src="./src/video/1.Chrome 安装 .mp4" id="video" class="video" width="900" controls></video>
        </section>
        <!-- 学习资料区域 -->
        <table class="resouce" width="800">
            <caption> 课程资料 </caption>
            <thead>
                <tr>
                    <th> 名称 </th>
                    <th> 类型 </th>
                    <th> 获取 </th>
                </tr>
            </thead>
            <tbody>
                <tr>
                    <td> 教案 </td>
                    <td>docx</td>
                    <td><a href="#"> 下载 </a></td>
                </tr>
                <tr>
                    <td>HTML5 手册 </td>
                    <td></td>
                    <td><a href=" 对应网址 " target="_blank"> 访问 </a></td>
                </tr>
```

```
            <tr>
                <td> 腾讯软件中心 </td>
                <td></td>
                <td><a href=" 对应网址 " target="_blank"> 访问 </a></td>
            </tr>
        </tbody>
        <tfoot>
            <tr>
                <td colspan="3"><a href="#"> 新云资源库 </a></td>
            </tr>
        </tfoot>
    </table>
    <!-- 视频列表 -->
    <section class="links">
        <h4> 视频列表 </h4>
        <ol>
            <li><a href="#" class="playing">Chrome 安装 </a></li>
            <li><a href="#">Web 概述 </a></li>
            <li><a href="#">HTML5 概述 </a></li>
            <li><a href="#">HTML5 新特性 </a></li>
            <li><a href="#">HTML5 语法与特性 </a></li>
            <li><a href="#">HTML5 页面编码设定 </a></li>
            <li><a href="#">HTML5 段落 </a></li>
            <li><a href="#">HTML5 超链接 </a></li>
            <li><a href="#">HTML5 图片 </a></li>
            <li><a href="#">HTML5 列表 </a></li>
            <li><a href="#">HTML5 表格 </a></li>
        </ol>
    </section>
</section>
<!-- 尾部 -->
<footer class="footer">
    <div class="footer__wrapper">
        <p class="footer__info">
            公司地址: xx 省 xxx 市 xx 街 xx 号 <br>
            联系电话: <a class="footer__info__a" href="tel://xxxx-xxxxxxxx">xxxx-xxxxxxxx</a><br>
            详细邮箱: <a class="footer__info__a" href="mailto://xxxxx@xxx.xxx">xxxxx@xxx.xxx</a><br>
        </p>
        <p class="footer__info">
            <img class="footer__info__img" src="./src/images/footer-logo-1.png" width="90" height="30">
            <img class="footer__info__img" src="./src/images/footer-logo-2.jpg" width="90" height="30">
        </p>
        <p>Copyright &copy;2020</p>
    </div>
</footer>
</body>
</html>
```

class_flexed.css 文件代码如下。

```
.flex-box{
    display: flex;
    flex-direction: column;
    justify-content: flex-start;
    align-items: center;
}

/* 视频列表 */
.links ol{
    display: flex;
    flex-direction: row;
    justify-content: flex-start;
    flex-wrap: wrap;
}
```

11.6 任务小结

本任务主要讲解了弹性盒子的概念，以及弹性盒子的使用方法，并且完成了使用弹性盒子布局"新云课堂"项目的页面。

通过对本任务的学习，读者应该掌握弹性盒子的相关概念和使用方法，并能够利用弹性盒子进行页面布局。

11.7 知识巩固

（1）align-items 设置弹性盒子元素在交叉轴居中的属性值是（   ）。

    A. stretch   B. flex-end   C. center   D. flex-start

（2）flex-direction 设置子元素横向排列的属性值是（   ）。

    A. row   B. row-reverse

    C. column   D. column-reverse

11.8 任务拓展

任务要求

使用弹性盒子样式实现九宫格布局，参数自定义即可，效果如图 11-26 所示。

图 11-26 任务拓展效果

参考代码

```html
<html>
    <head>
        <title> 使用弹性盒子制作九宫格 </title>
        <meta charset="UTF-8">
        <style>
            .flexbox{
                width: 300px;
                height: 300px;
                display: flex;
                flex-direction: column;
                align-items: center;
            }
            .row{
                width: 100%;
                flex: 1;
                display: flex;
                flex-direction: row;
            }
            .item{
                flex: 1;
                display: flex;
                flex-direction: row;
                justify-content: center;
                align-items: center;
                background-color: blue;
                border: 2px solid #fff;
                box-sizing: content-box;
                color: #fff;
                font-size: 30px;
                font-weight: bold;
            }
        </style>
    </head>
    <body>
        <div class="flexbox">
            <div class="row">
                <div class="item">1</div>
                <div class="item">2</div>
                <div class="item">3</div>
            </div>
            <div class="row">
                <div class="item">4</div>
                <div class="item">5</div>
                <div class="item">6</div>
            </div>
            <div class="row">
                <div class="item">7</div>
                <div class="item">8</div>
                <div class="item">9</div>
            </div>
        </div>
    </body>
</html>
```

任务

使用CSS3媒体查询实现页面响应式布局

12

12.1　任务概述

随着互联网的快速发展，使用手机进行网页浏览、视频播放、信息交互成为主流。当前移动设备正超过桌面设备，成为访问互联网的广泛终端。互联网产品仅仅有一套适应大屏幕的页面方案已经不能满足移动浏览的需求，所以就需要为项目再设计一套移动端页面方案。但是移动端页面设计的主要问题是不同移动设备之间的设备尺寸不同。本任务就将介绍如何运用页面自适应的相关知识制作一套可以适应不同设备的页面方案。

12.2　任务目标

素质目标

（1）培养学生的探究能力和终身学习的意识。

（2）培养学生的适应能力和与时俱进的意识。

知识目标

（1）了解页面媒体查询的原理。

（2）掌握 CSS3 媒体查询。

（3）掌握 CSS3 的主要页面样式尺寸单位。

技能目标

掌握使用媒体查询的方式将 PC 端 Web 网页改造为同时适应移动端与 PC 端的响应式页面的方法。

12.3　知识图谱

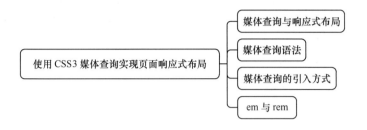

使用 CSS3 媒体查询实现页面响应式布局
- 媒体查询与响应式布局
- 媒体查询语法
- 媒体查询的引入方式
- em 与 rem

12.4　任务准备

微课视频

使用 CSS3 媒体查询实现页面响应式布局 1

12.4.1　媒体查询与响应式布局

媒体查询（Media Query）是 CSS3 的新特性。使用媒体查询，可以针对不同的媒体类型定义不同的样式，也可以针对不同的屏幕尺寸设置不同的样式，在重置浏览器大小的过程中，页面也会根据浏览器的宽度和高度重新渲染页面。

响应式布局是 Ethan Marcotte（马科特）在 2010 年 5 月提出的一个概念，简而言之，就是一个网站能够兼容多个终端——而不是为每个终端开发一个特定的版本。这个概念是为解决移动互联网浏览的问题而诞生的。

响应式布局可以为不同终端的用户提供更加舒适的界面和更友好的用户体验，而且随着大屏幕移动设备的普及，响应式布局的应用越来越广泛。

响应式布局，通俗地理解就是用一套网页代码适配不同尺寸的设备，在不同尺寸的页面上，显示必要的内容，隐藏不必要的内容，通过动态地对设备相关属性特点进行识别判断，使样式代码生效与失效，从而使网页可以根据设备属性的变化进行相应的适配变化。响应式布局具体的应用案例就是使一套网页代码可以在不同的尺寸设备上展示不同的页面效果，如图 12-1 和图 12-2 所示。媒体查询是实现页面响应式布局最常用的方法之一。

图 12-1　标准页面

232

图 12-2　响应小宽度效果

12.4.2　媒体查询语法

媒体查询基本语法如下。

```
@media 媒体查询条件 {
    媒体查询条件生效时的样式内容
}
```

媒体查询条件由媒体类型、操作符、媒体属性构成，语法结构如下。

```
@media 媒体类型 操作符 ( 媒体属性 ){
    媒体查询条件生效时的样式内容
}
```

1. 媒体类型

媒体类型如下。

- screen：默认值，计算机屏幕。
- tty：电传打字机及使用等宽字符网格的类似媒介。
- tv：电视类型设备（低分辨率、有限的屏幕翻滚能力）。
- projection：放映机。
- handheld：手持设备（小屏幕、有限的带宽）。
- print：打印预览模式或打印页。
- braille：盲人用点字法反馈设备。
- aural：语音合成器。

- all：所有设备。

真正广泛使用且所有浏览器都兼容的媒体类型是 screen 和 all。

2．媒体属性

常用的媒体属性见表 12-1。

表12-1　常用的媒体属性

属性	作用
width	定义网页可视区域的宽度
height	定义网页可视区域的高度
max-width/max-height	定义网页可视区域的最大宽度 / 高度
min-width/min-height	定义网页可视区域的最小宽度 / 高度
orientation	定义网页可视区域方向为横屏或竖屏 landscape：横屏模式 portrait：竖屏模式

3．操作符

在媒体查询中，and、逗号 (,)、not、only 等操作符可以用来构建复杂的媒体查询。

and 操作符把多个媒体属性组合起来，合并到同一条媒体查询中，只有当每个媒体属性都为真时，这条查询的结果才为真。

注意：在不使用逗号 (,) 或 only 操作符的情况下，媒体类型值是可选的，如果省略，那么默认值是 screen。

逗号 (,) 操作符用于连接多条媒体查询，只要其中任何一条为真，整个查询语句就返回真，相当于逻辑"或"。

not 操作符用来对一条媒体查询的结果进行取反。

注意：not 关键词仅能应用于整个查询，而不能单独应用于一个独立的查询，也就是说 not 是对整个媒体查询语句取反，而不是对某一个媒体属性取反。

only 操作符表示仅在媒体查询匹配成功时应用指定样式。使用它可以让选中的样式在部分浏览器中不被应用。

12.4.3　媒体查询的引入方式

媒体查询的引入方式有外部式和嵌入式两种。

外部式引入示例如下。

```
<link rel="stylesheet" type="text/css" media="only screen and (max-width: 480px),only screen and (max-device-width: 480px)" href="link.css"/>
```

上面语句中的 only 可省略，限定于计算机显示器，第一个媒体属性 max-width 是指渲染界面的最大宽度，第二个媒体属性 max-device-width 是指设备的最大宽度。

媒体查询的外部式引入在 <head> 标签中的 <link> 标签中设定，其形式与外部样式的引入方式相似，不同点在于增加了 media 属性进行媒体查询条件的设定，通过 href 属性指定媒体查询条件生效时需要引入的 .css 文件。

嵌入式引入示例如下。

```
@media only screen and (max-width: 480px),only screen and (max-device-width: 480px){
    /* 相应 CSS 样式内容 */
    .font{
        color: red;
    }
}
```

嵌入式的引入方式与 CSS 的样式写法相近，通过"@media 媒体查询条件"设置媒体查询条件，再使用大括号包裹媒体查询条件生效时对应的样式内容。

下面来制作一个媒体查询形式的响应式页面。要求页面原始的背景颜色为粉红色（pink），当页面的宽度小于 600px 时，响应变化，将背景颜色变化为浅绿色（lightgreen）。

编写如下代码。

```html
<!DOCTYPE html>
<html>
    <head>
        <meta charset="utf-8">
        <title> 媒体查询 </title>
        <style>
            body {
                background-color: pink;
            }
            @media screen and (max-width: 600px) {
                body {
                    background-color: lightgreen;
                }
            }
        </style>
    </head>
    <body>
        <h1> 重置浏览器窗口查看效果！ </h1>
        <p> 如果媒体类型屏幕的可视窗口宽度小于 600 px，背景颜色将改变。</p>
    </body>
</html>
```

在浏览器中运行，调整浏览器窗口的宽度，当宽度小于 600px 时，效果如图 12-3 所示。

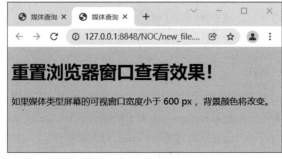

图 12-3　媒体查询设置效果

12.4.4　em 与 rem

在利用媒体查询实现响应式布局时，常常会用到两个单位进行布局尺寸的设定，分别是 em 和 rem。

em 的值并不是固定的，em 会继承父级元素的字体大小。CSS 标准要求浏览器的默认字体大小是 16px，所以所有未经调整的浏览器都符合 1em=16px。

但是 em 也有缺点，主要体现在嵌套使用上。例如 body 元素设置了 font-size:0.625em，body 元素中的 A 元素设置了 font-size: 1.5em，这里的 1em 的实际值为 $16 \times 0.625 \times 1.5 = 15px$。然后在 A 元素的子元素 B 中设置 font-size: 1.5em，此时 1em 的实际值为 $15 \times 1.5 = 1.75px$。以上情况是开发时不希望出现的，所以制作以 em 为单位的页面时，最好不要进行字体大小的多层嵌套设置。

▷ 经验分享

未经调整的浏览器都符合 1em=16px，那么 0.75em=12px、0.625em=10px。为了简化 font-size 的换算，实现整个页面的宽、高单位统一，通常在 CSS 样式中为 body 元素设定 font-size:62.5% 的样式，这就使 1em 的实际值变为 16×62.5%=10px，则 12px=1.2em、10px=1em。也就是说，只需要将原来的像素值除以 10，然后以 em 为单位就行了。

rem（root em，根 em）是 CSS3 新增的一个相对单位。这个单位与 em 的区别在于使用 rem 为元素设定字体大小时，仍然是相对大小，但相对的是 HTML 根元素。简单概括就是 em 相对于父元素，rem 相对于根元素。这个单位可谓集相对单位和绝对单位的优点于一身，通过它既可以做到只修改根元素就能成比例地调整字体大小，又可以避免字体大小逐层复合的连锁反应。

那么在网页开发中使用哪个单位最佳？字体大小单位的选择主要由项目的受众来决定。如果项目用户都使用能够良好地支持 rem 单位的新版浏览器，那么推荐使用 rem;如果要考虑兼容性，就使用 px，或者两者同时使用。

12.5　任务实战

任务 1：为用户登录页面应用响应式布局

任务要求

（1）为用户登录页面应用响应式布局。

（2）当可视区域宽度小于 600px 时进行自适应，效果如图 12-4、图 12-5 所示。

微课视频

为用户登录
页面应用
响应式布局

235

图 12-4　登录页正常页面效果

图 12-5　登录页可视区域宽度小于 600px 时的效果

任务实施

（1）编写对应的媒体查询条件。

（2）完成媒体查询条件生效时的样式内容。

参考代码

login.html 文件内容如下。

```html
<!DOCTYPE html>
<html>
    <head>
        <meta charset="UTF-8">
        <title> 登录 </title>
        <link rel="stylesheet" href="./css/base.css">
        <style>
            /* 通过绝对定位实现元素完全居中 */
            body {
                position: relative;
                width: 100vw;
                height: 100vh;
            }
            form {
                width: 500px;
                height: 400px;
                position: absolute;
                top: 0;
                right: 0;
                bottom: 0;
                left: 0;
                margin: auto;
                /* 7.5 已有代码 */
                background-color: #eee;
                text-align: center;
```

```
            border: 1px solid #000;
            border-radius: 20px;
            overflow: hidden;
            box-shadow: 2px 2px 4px #666;
        }
        form h1 {
            padding: 20px 0;
            margin: 0;
            background-color: #002752;
            color: #fff;
        }
        form input {
            font-size: 20px;
            line-height: 2em;
        }
        form div {
            margin: 0 0 40px 0;
        }
        /* 媒体查询增加响应式 */
        @media screen and (max-width: 600px) {
            body {
                padding: 0;
                margin: 0;
            }
            form {
                /* 修改宽度、高度适应页面 */
                width: 100vw;
                height: 100vh;
                /* 清除定位 */
                position: static;
                /* 去除边框与圆角边框 */
                border: none;
                border-radius: 0;
            }
        }
    </style>
</head>
<body>
    <form action="" method="post">
        <div>
            <h1> 登录 </h1>
        </div>
        <div>
            <label for="username"> 账户: </label>
            <input type="text" name="username" placeholder=" 使用手机号作为账户 " required pattern=
"^1[3456789]\ d{9}$" />
```

```
        </div>
        <div>
            <label for="password"> 密码: </label>
            <input type="password" name="password" placeholder=" 由 6 ～ 18 位字母和数字组成 " required
            pattern="^[a-zA-Z0-9]{6,18}$" />
        </div>
        <div>
            <a href="reg.html"> 没有账户，前往注册页面 </a>
        </div>
        <div>
            <input type="image" src="./src/images/login.gif" />
        </div>
    </form>
</body>
</html>
```

HTML5+CSS3 Web前端开发技术（任务式）（微课版）（第2版）

任务 2：为课程推荐页面应用响应式布局

任务要求

（1）为课程推荐页面应用响应式布局。

（2）当可视区域宽度小于 600px 时进行自适应，效果如图 12-6 所示。

图 12-6　课程推荐页面可视区域宽度小于 600px 时的效果

任务实施

（1）编写对应的媒体查询条件。

（2）完成媒体查询条件生效时的样式内容。

参考代码

HTML 代码如下。

```html
<!DOCTYPE html>
<html>
    <head>
        <meta charset="utf-8">
        <title></title>
        <link rel="stylesheet" href="./css/base.css">
        <link rel="stylesheet" href="./css/common.css">
        <link rel="stylesheet" href="./css/header.css">
        <link rel="stylesheet" href="./css/swiper.css">
        <link rel="stylesheet" href="./css/list.css">
        <link rel="stylesheet" href="./css/index_class.css">
        <link rel="stylesheet" href="./css/more.css">
        <link rel="stylesheet" href="./css/footer.css">
        <link rel="stylesheet" href="./css/index_flexed.css">
    </head>
    <body>
        <!-- header -->
        <header class="header clear-fixed">
            <h1 class="logo">NOC 新云课堂 </h1>
            <nav class="nav">
                <a class="nav-item nav-active" href="#"> 首页 </a>
                <a class="nav-item" href="#"> 课程分类 </a>
                <a class="nav-item" href="#"> 直播课堂 </a>
                <a class="nav-item" href="#"> 阶段测试 </a>
            </nav>
            <div class="header-right">
                <a class="btn-login" href="#"> 登录 </a>
                <a class="btn-reg" href="#"> 注册 </a>
            </div>
        </header>
        <section class="flex-box">
            <!-- swiper -->
            <section class="swiper">
                <a href="#">
                    <div class="swiper-item" id="loop-img"></div>
                </a>
            </section>
            <!-- list (ways) -->
            <section class="ways">
```

```html
    <h2 class="ways-title"> 成长路线 </h2>
    <ul class="clear-fixed wrapper-1080">
        <a href="">
            <li class="way">
                <img src="./src/images/ke1.png" alt="">
                <p class="way-title">Web 前端工程师之路 </p>
            </li>
        </a>
        <a href="">
            <li class="way">
                <img src="./src/images/ke2.png" alt="">
                <p class="way-title">Java 工程师之路 </p>
            </li>
        </a>
        <a href="">
            <li class="way">
                <img src="./src/images/ke3.png" alt="">
                <p class="way-title">Python 工程师之路 </p>
            </li>
        </a>
    </ul>
</section>
<!-- index-class -->
<section class="index-class">
    <h2 class="index-class-title"> 课程列表 </h2>
    <div class="index-class-div1 wrapper-1080 clear-fixed">
        <h3 class="index-class-h3"> 最新课程 </h3>
        <a class="index-class-more" href="#">More</a>
    </div>
    <div class="index-class-div2 wrapper-1080 clear-fixed">
        <a href="#" class="index-class-item class-badge-hot">
            <img src="./src/images/bg1.png" alt="">
            <div> 边学边做实战教学 </div>
        </a>
        <a href="#" class="index-class-item class-badge-upgrade">
            <img src="./src/images/bg2.png" alt="">
            <div>10 小时原生爬虫入门 </div>
        </a>
        <a href="#" class="index-class-item class-badge-new">
            <img src="./src/images/bg3.png" alt="">
            <div> 游戏开发必备 </div>
        </a>
        <a href="#" class="index-class-item">
            <img src="./src/images/bg4.png" alt="">
            <div> 新技术新起点 </div>
        </a>
```

HTML5+CSS3 Web前端开发技术（任务式）（微课版）（第2版）

```
            <a href="#" class="index-class-item">
                <img src="./src/images/bg5.png" alt="">
                <div> 从游戏到编程 </div>
            </a>
            <a href="#" class="index-class-item">
                <img src="./src/images/bg6.png" alt="">
                <div> 高薪就业 </div>
            </a>
        </div>
    </section>
    <!-- more -->
    <section class="more">
        <div class="wrapper-960 ">
            <div class="more-bg"></div>
            <div class="more-t"> 更多好课 等你学习 </div>
        </div>
    </section>
</section
<!-- footer -->
<footer class="footer">
    <div class="footer__wrapper">
        <p class="footer__info">
            公司地址：xx 省 xxx 市 xx 街 xx 号 <br>
            联系电话：<a class="footer__info__a" href="tel://xxxx-xxxxxxxx">xxxx-xxxxxxxx</a><br>
            详细邮箱：<a class="footer__info__a" href="mailto://xxxxx@xxx.xxx">xxxxx@xxx.xxx</a>
        </p>
        <p>
            <img class="footer__info__img" src="./src/images/footer-logo-1.png" alt="">
            <img class="footer__info__img" src="./src/images/footer-logo-2.jpg" alt="">
        </p>
        <p>Copyright &copy;2020</p>
    </div>
</footer>
</body>
</html>
```

index_flexed.css 文件中的部分代码如下。

```
.index-class{
    background-color: #fff;
}
.index-class-title{
    text-align: center;
    line-height: 40px;
    height: 40px;
}
.index-class-title::before{
    content: "";
    display: inline-block;
    width: 100px;
    border-top: 1px solid #ccc;
    margin-right: 40px;
}
.index-class-title::after{
    content: "";
    display: inline-block;
    width: 100px;
    border-top: 1px solid #ccc;
```

```
        margin-left: 40px;
    }
    .index-class-h3{
        float: left;
    }
    .index-class-more{
        float: right;
    }
    .index-class-item{
        position: relative;
        float: left;
        width: 320px;
        height: 150px;
        margin: 30px 20px;
    }
    .index-class-item div{
        position: absolute;
        left: 28px;
        bottom: 20px;
        font-size: 16px;
    }
    .class-badge-hot::after{
        content: "HOT";
        display: inline-block;
        font-size: 14px;
        color: #fff;
        background-color: #f00;
        border: 1px solid #fff;
        position: absolute;
        top: -.3em;
        right: -.3em;
        padding: .3em;
        border-radius: .3em;
    }
    .class-badge-new::after{
        content: "NEW";
        display: inline-block;
        font-size: 14px;
        color: #fff;
        background-color: #fd7e14;
        border: 1px solid #fff;
        position: absolute;
        top: -.3em;
        right: -.3em;
```

```
        padding: .3em;
        border-radius: .3em;
    }
    .class-badge-upgrade::after{
        content: "UPGRADE";
        display: inline-block;
        font-size: 14px;
        color: #fff;
        background-color: #005CBF;
        border: 1px solid #fff;
        position: absolute;
        top: -.3em;
        right: -.3em;
        padding: .3em;
        border-radius: .3em;
    }


    @media screen and (max-width: 600px) {
        .header{
            width: 100%;
            position: sticky;
            top: 0;
            display: flex;
            flex-direction: column;
            align-items: center;
            padding: 0;
            z-index: 99;
        }
        .swiper{
            display: none;
        }
        .ways{
            width: 100%;
            padding-left: 0;
            padding-right: 0;
        }
        .ways ul{
            display: flex;
            flex-direction: column;
            align-items: center;
        }
        .way{
            margin: 0;
```

```
            border-radius: 0;
            box-shadow: none;


    }
    .index-class{
        width: 100%;
    }
    .index-class-div2{
        width: 100%;
        display: flex;
        flex-direction: column;
        align-items: center;
    }
    .index-class-item {
        margin: 10px auto;
    }
    .more{
        width: 100%;
        padding-left: 0!important;
        padding-right: 0!important;
```

```
    }
    .more .warpper-960{
        padding-left: 0!important;
        padding-right: 0!important;
    }

    .wrapper-1080{
        width: 100%;
    }
    .wrapper-960{
        width: 100%!important;
    }
    .footer{
        width: 100%;
    }
    .footer__wrapper{
        width: 80%!important;
    }
}
```

12.6　任务小结

　　本任务主要讲解了响应式布局、媒体查询语法及媒体查询的引入方式，并且完成了"新云课堂"项目页面的响应式布局。

　　通过对本任务的学习，读者应该掌握响应式布局原理和媒体查询的使用方法。

　　学完本任务，我们基本上已经学习完 Web 前端开发 HTML5 和 CSS3 的核心技术，能够完成"新云课堂"学习平台主要页面的搭建和美化工作。但是我们的学习不能止步于此，希望读者不断开拓创新，让"新云课堂"的功能不断完善。正如党的十六大报告中强调的，要"形成全民学习、终身学习的学习型社会，促进人的全面发展"。终身学习能帮助我们克服工作中的困难，解决工作中的问题；能满足我们生存和发展的需要；能使我们得到更大的发展空间，更好地实现自身价值；能充实我们的精神生活，不断提高生活品质。

12.7　知识巩固

　　（1）在 HTML5 中，使用媒体查询可以获取的媒体属性值包括（　　　）。

　　　　A. 设备的宽和高　　　　　　　　　　B. 渲染窗口的宽和高

　　　　C. 对象颜色或颜色列表　　　　　　　D. 设备的分辨率

（2）响应式布局的优点是什么？

（3）媒体查询中的操作符逗号（,）与 and 的作用分别是什么？

12.8 任务拓展

日常生活中常用的哪些网站进行了响应式布局？请举例并讨论各网站的响应式布局各有什么特点。